넓게 자란
아이가
높이 큰다

육아에서 가장 중요한 것,
나 자신으로 자라는 아이

넓게 자란
아이가
놀이 큰다

MBC 〈물 건너온 아빠들〉
제작팀 지음

포르체

프롤로그

아이가 태어나면, 우리는 준비됐든 아니든 부모가 된다. 하지만 부모 되는 법을 가르치는 학교도, 완벽한 교과서도 없다. 육아의 세계에선 누구나 처음엔 서툴다. 시행착오를 겪으며 함께 성장한다.

육아는 부모가 함께하는 일이다. 한국에선 '엄마의 몫'이란 인식이 강하지만, 아빠도 아이 성장에 결정적 역할을 한다. 이 책은 한국에서 사는 다양한 국적의 아빠들이 경험한 생생한 육아 이야기를 담았다. 서로 다른 문화 배경을 가진 아빠들이 한국이란 낯선 환경에서 아이를 키우며 겪은 특별한 도전과 기회를 만나 보자.

다문화 가정 아빠들의 고민은 다양하다. "아이에게 모국의 문화와 언어를 어떻게 전해 줄 수 있을까?", "일과 육아의 균형을 어떻게 맞출까?", "체력적으로 지칠 때도 아이와 의미 있는 시간을 보내려면 어떻게 해야 할까?", "스마트폰에 의존하지 않고 더 창의적인 놀이 방법은 무엇일까?", "서로 다른 문화 속에서 자라는 아이의 정체성 형성을 어떻게 도울 수 있을까?" 이러한 질문들은 국적을 불문하고 모든 부모가 한 번쯤 마주하게 되는 보편적인 고민이다. 하지만 그 해답은 결코 하나가 아니다.

이 책은 세계 각국에서 온 아빠들이 한국이라는 공간에서 자녀를 키우며 겪은 도전, 실패와 성공, 그리고 깨달음의 순간들을 솔직하게 나눈다. 문화적 차이를 뛰어넘는 육아의 보편적 가치와, 다양성이 우리 자녀에게 주는 특별한 선물을 발견하게 될 것이다. 또한 여섯 개의 장에 나눠 담긴 아빠들의 육아 모습과 솔직한 고민들은 당신이 홀로 겪는 육아의 어려움이 사실은 많은 부모들의 고민과 맞닿아 있다는 것을 일깨워 줄 것이다. 이 이야기들은 부모로서의 자신감을 키우고, 다양한 관점에서 문제를 바라보며, 무엇보다 아이와 함께하는 소중한 시간을 더욱 풍요롭게 만드는 영감의 원천이 될 것이다.

완벽한 부모는 없지만, 함께 배우고 성장하는 부모는 있다. 그리고 그 과정에서 우리는 아이들뿐만 아니라 우리 자신도 더 나은 사람으로 변화할 수 있을 것이다.

이 책에 등장하는 아빠들

투물

인도에서 온 아빠, 투물은 딸 바보다.
인도와 한국의 양육 방식 차이로
고민할 때도 있지만, 그만큼 다양한
시도를 통해 가족만의 특별한 육아법을
만들어 가고 있다.

앤디

남아프리카공화국에서 온 아빠로
자연주의 육아 라이프를 실천하고
있다. 딸 라일라는 맨손으로 흙을
만지고 나무에 오르며 자연 속에서
자란다. 이러한 체험이 아이의 성장과
창의력 발달에 중요하다고 생각한다.

올리버

미국 출신으로, 210만 구독자를 보유한
유튜브 크리에이터 아빠이다. 텍사스의
자연 속에서 다양한 콘텐츠를 제작하는
유튜버이자 한 아이의 아빠로서 한식과
한국 문화를 딸에게 알려 주고 싶어
한다.

니퍼트

미국에서 온 전직 야구 선수 아빠이다.
아빠를 닮아 체력 부자인 두 아들과
열정적으로 놀아 주고 훈육이 필요할
때는 확실하게 하는 육아 달인이기도
하다. 아이에게 건강한 라이프스타일을
가르치는 것이 목표다.

켈리

미국에서 온 학자 아빠이다.
뉴스 인터뷰 도중 아이들이 난입하는
장면으로 세계적인 화제를 모았다.
아이들과 함께하는 순간을 소중히
여기며 몸으로 잘 놀아 주는 친근한
아빠이다.

알베르토

이탈리아에서 온 아빠이다.
한국에서 오랜 시간 살아온 경험을
바탕으로 두 문화의 장점을 결합한
육아법을 실천한다. 《지극히 사적인
이탈리아》 등의 책을 썼다.

피터

영국에서 온 아빠이다. 킹스칼리지
출신의 영어 선생님이자 번역가로
영국의 역사, 과학, 세계사에도 관심이
많다. 그러나 아들과 딸은 영어 공부를
어려워해서 고민이 많다.

리징

중국에서 온 사업가 아빠이다.
중국식 전통 가치관을 존중하면서도
한국의 현대적인 육아 방식을
접목하려는 노력이 돋보인다. 특히
아이의 영어, 수학, 논술, 줄넘기까지
사교육에 대한 열정이 넘치고 그에
대한 지원도 아끼지 않는다.

데니스
캐나다에서 온 듬직한 아빠.
규율과 책임감을 강조하면서도,
아이와의 친밀한 관계를 유지하기 위해
노력한다. 딸들이 하고 싶어하는 것을
적극적으로 지원한다.

올리비아
프랑스에서 온 엄마이자, 육아와
커리어 둘 다 놓치지 않는 강인한
보호자이다. 프랑스식 자율 육아를
실천하며, 아이들이 스스로 성장할 수
있도록 돕는다.

톨벤
덴마크에서 온 아빠이다.
육아에서도 '행복한 부모가 행복한
아이를 만든다'는 북유럽식 가치관을
바탕으로 자녀에게 자율성과 책임감을
길러 주려고 한다.

니하트
아제르바이잔에서 온 아빠이다.
아빠 중 나이는 가장 어리지만 세 남매
육아를 해낸다. 아이들의 독립심을
중요하게 생각하며 피곤해도 주말이면
아들들과 함께 시간을 보내기 위해
노력한다.

미노리
일본에서 온 아빠이다.
요식업에 종사하다 지금은 전업주부로
활동하고 있다.

로드리고
칠레에서 온 아빠로, '함께하는
경험'에 가치를 두고 아들을 키우고
있다. 육아하는 부모들과의 사회적
네크워크를 적극 이용해 더욱 의미
있는 육아에 힘쓰고 있다.

페트리
핀란드에서 온 아빠, 페트리는 넘치는
육아 정보 속에서도 소신 있는 육아를
실천하고 있다. 아이의 자율성과
창의성을 중시하며 모두에게 평등한
핀란드 교육을 실천한다.

목차

1장

놀이와 훈육

아이의 눈높이에서 한 걸음씩 내딛는 법

아빠	켈리(미국)
아이	예나(10살), 유섭(7살)

체력적으로 힘들 때는 어떻게 놀아 줘야 할까?

로버트 켈리 교수는 일명 'BBC 아빠'로도 유명하다. BBC 뉴스를 자택에서 진행하고 있는 도중에 두 아이가 방으로 난입해 엄마가 급히 데리고 나가는 장면이 고스란히 생방송으로 송출된 것이다. 지금 돌이켜 봐도 아찔했던 방송 사고지만 당사자 외에는 모두가 귀여워했던 화제의 영상이기도 했다. 두 아이는 이제 10살, 7살이 되었다. 한창 에너지가 넘치는 시기의 아이들을 키우고 있는 51살 늦깎이 아빠인 켈리는 최근엔 체력적인 한계를 느낄 때가 많아 고민이다.

∿∿∿∿∿

대학교 교수로 일하고 있는 켈리 아빠는 평소에 학교 강의는 물론이고 리포팅 영상 업로드, 기사와 칼럼 기고, 논문 작업까지 눈코 뜰 새 없는 일상을 보낸다. 부산대 언어교육원에서 일주일에 2번씩 수업을 들으며 한국어 공부도 10년째 이어 오고 있다.

교수로서의 삶도 바쁘지만 아빠로서 아이들을 위한 특별한 이벤트도 놓칠 수는 없다. 미국에서는 부활절이 매우 큰 국가적 명절 중 하나다. 부활절에는 어른들이 '봄의 산타'라 불리는 토끼가 되어 초콜릿 달걀을 여기저기 숨겨 두고, 아이들은 보물찾기하듯 달걀을 찾는 '에그 헌트'라는 문화가 있다. 아이들은 이렇게 발견한 부활절 달걀에 직접 그림을 그리며 꾸미기도 한다.

한국에서 지내고 있지만 모국의 명절을 친숙하게 알려 주고 싶은 마음에 켈리도 부활절이 되면 새벽부터 일어나 바쁘게 준비를 시작한다. 아이들은 눈 뜨자마자 활기찬 에너지를 뿜어내며 집안 곳곳을 누벼 설레는 마음으로 달걀을 찾고, 그 신나는 기분에 이어 오전 내내 텐션을 한껏 높인다.

딸 예나는 춤추고 노래하는 걸 좋아해서 아침부터 피아노 연주에 1인 뮤지컬 공연까지 거실 무대를 화려하게 장식하곤 한다. 실제로 부산 MBC 무대에서 뮤지컬 공연을 한 적도 있다. 켈리는 예나의 거실 공연에 열심히 리액션을 해 주지만, 끝이 나지 않는 공연에 슬슬 눈꺼풀이 무거워지는 건 어쩔 수 없다.

집에서는 아이들의 체력과 에너지를 온전히 감당할 수 없어서 주말에는 동네 뒷산에도 자주 올라간다. 돗자리를 펴고 직접 싸 온 김밥 도시락을 먹고 나면 예나와 유섭이 남매는 자연 속에서 뛰어다니며 곤충 관찰과 채집까지 열심이다.

아이들이 자연 속에서 노는 동안에 아빠와 엄마는 잠시 휴식 시간을 갖는다. 부모로서 아이들과 놀아 주는 것도 중요하지만 부모 자신의 에너지가 바닥나지 않도록 관리하는 것도 그에 못지 않게 중요하다. 미국에서는 아이들을 자연이나 과학관 등에 데려가서 시간을 보내는 동안 부모는 벤치에서 잠시 낮잠을 자며 휴식을 취하기도 한다. 그래야 또 놀아 줄 수 있기 때문이다.

켈리도 건강을 위해 아침마다 조깅을 하고 있지만 아이들의 체력을 따라가기는 쉽지 않다. 하루 종일 몸으로 놀아 주고 싶은 마음은 굴뚝 같지만 어느 순간 체력이 방전되어 버리면 아이들에게 좋은 아빠가 아닌 것 같아서 미안한 마음도 든다.

하지만 육아에서 늘 온 힘을 다 쏟는 것만이 정답은 아니다. 70% 정도의 체력은 쓰더라도 30% 정도의 체력은 남겨 두어야 아이와 부모가 모두 행복해지기 위해 노력할 힘이 생긴다. 또 아이들과 꼭 격렬한 신체적 활동으로만 애정과 관심을 표현할 수 있는 것은 아니다. 체력적인 부담을 느끼는 부모라면 짧은 시간이라도 아이에게 온전히 집중하며 실내에서 할 수 있는 다양한 놀이를 찾는 것도 방법이다.

아이에게 더 중요한 것은 신체적 활동의 양보다는 부모가 얼마나 진심으로 관심을 가지고 함께해 주는지다. 아이에게 정확히 눈을 맞추고 이야기를 귀 기울여 듣는 것만으로도 아이의 정서에 충분히 좋은 영향을 미치며 아빠와 진심으로 즐거운 교감을 느끼게 해 줄 수 있다. 그 소소한 시간도 아이에게는 분명 오래도록 기억할 만한 소중한 기억이 될 것이다.

물 건너온 팁

알베르토 이탈리아에서는 아이들이 어릴 때부터 예체능을 많이 배운다. 학교 수업이 끝나면 바로 신체 활동을 하러 나가니까 에너지를 맘껏 발산할 수 있다. 나도 다섯 살 때부터 축구와 수영을 배웠는데, 지금 생각하면 엄마가 왜 운동을 시켰는지 알겠다. 나는 삼형제인데 아들 세 명이 집에만 있다고 생각하면 아찔하다…….

투물 인도는 대가족 문화이다 보니 자연스럽게 공동 육아를 하게 된다. 바쁜 부모가 일에 집중하는 동안 여유가 있는 친척이나 마을 사람들이 함께 아이들을 돌봐 주는 문화다. 아이들의 에너지를 부모가 온전히 받아 줘야 하는 상황에서는 체력적으로 힘에 부치는 게 당연한 일이다.

리징 나도 주말에는 등산을 많이 다니면서 체력 관리를 한다. 우리 딸 하늘이가 대학생이 될 때까지 건강하게 데이트하고 싶은데, 운동을 안 하면 금방 체력이 떨어진다. 아이들과 놀아 주기 위해서라도 부모가 건강한 생활을 하고 체력 관리를 꾸준히 하는 게 정말 중요하다고 생각한다.

니하트 코로나19 이전에는 주말마다 늘 아이들과 놀러 나갔다. 주중에 열심히 일하는 이유도 결국 아이들 때문인데, 아이들에게는 부모님과 함께 보내는 시간이 가장 소중하고 기억에 오래 남는다. 내가 어릴 때는 아버지가 새벽에 출근하시고 늦게 퇴근하셔서 같이 보낸 시간이 길지 않았다. 그래서 나는 힘들어도 꼭 주말에는 아이들과 놀아 주려고 한다.

페트리 한국에서는 아이들을 키즈 카페에서 놀게 하고 부모는 커피 한잔하며 기다릴 수 있는 문화가 있어서 좋다. 다만 밖에 나가지 않아도 장난감이 워낙 많아서 늘 비슷한 패턴으로 놀게 된다는 점은 아쉽다. 핀란드에서는 장난감을 많이 사 주지 않고, 적은 장난감을 통해 내 물건의 소중함을 알고 관리하는 습관을 일찍부터 들이게 하려고 한다.

　주말에는 보통 도서관에 많이 데려가는 편이다. 도서관에서 다양한 체험 프로그램을 진행하기도 하고, 아이들도 책 읽으며 토론하는 것이 습관처럼 되어 있다. 겨울이 길고 집에 있는 시간이 많아서인지 핀란드의 독서량은 세계 최고 수준이라고 한다. 방학 때는 가족 단위로 숲이나 사우나에 가며 자연 속에서 시간을 보내는 일도 많다. 자연 속에 데려가면 부모가 놀아 주지 않아도 아이들끼리 베리를 수확하고 버섯도 따면서 즐거운 시간을 보낸다.

아빠 육아 실천하기

아이의 에너지를 자연 속에서 발산하게 하자. 예를 들어, 공원이나 산책로에서 걷거나, 숲속에서 곤충을 관찰하고 나뭇잎을 줍는 활동을 하면 부모는 무리하지 않으면서도 아이는 충분히 움직이며 탐색하는 시간을 가질 수 있다. 아이가 스스로 뛰놀 수 있는 환경을 제공하면 부모는 잠시 휴식을 취하며 아이를 지켜볼 수도 있다.

체력이 한정적인 부모라면, 하루 종일 아이와 놀아 주는 대신 짧고 밀도 높은 놀이 시간을 만드는 것이 효과적이다. 예를 들어, 아이가 좋아하는 놀이를 정해진 시간 동안 전적으로 집중해서 함께해 준다. 이때 중요한 것은 스마트폰을 멀리하고 아이에게 온전히 집중하는 것이다. 단 10~15분이라도 아이와 눈을 맞추며 놀이에 몰입하면, 아이는 부모와 충분한 교감을 나눴다고 느끼고 만족감을 얻을 수 있다.

부모의 체력 관리는 곧 아이와의 시간 관리이다. 적절한 운동과 규칙적인 생활 습관을 유지하면 아이와 놀아 줄 때도 에너지를 더 효율적으로 사용할 수 있다. 특히, 짧은 산책이나 간단한 스트레칭만으로도 체력 저하를 막을 수 있으니, 아이와 함께하는 시간을 오래 지속하고 싶다면 부모 자신의 건강도 신경 써야 한다.

무조건 신체적으로 놀아 줄 필요는 없다. 아이와 함께 쉬는 시간을 즐기는 일도 필요하다. 예를 들어, 책을 읽어 주거나 그림을 함께 그리는 것은 부모의 체력 부담이 적으면서도 아이와 교감할 수 있는 좋은 방법이다. 또한, "아빠도 조금 쉬었다가 다시 놀자."라고 솔직하게 이야기하고, 아이와 함께 낮잠을 자거나 조용한 음악을 들으며 쉬는 시간을 갖는 것도 가능하다.

육아는 단거리 경주가 아니라 마라톤이다. 부모가 체력을 무리하게 소진하지 않으면서도, 아이와 의미 있는 시간을 보낼 수 있도록 균형을 맞추는 것이 중요하다. 체력적인 한계를 인정하고, 아이와 함께 쉬는 법도 배운다면 더욱 즐거운 육아가 될 것이다.

아빠	알베르토(이탈리아)
아이	레오(7살), 아라(18개월)

스마트폰 없이 더 창의적으로 놀아 줄 수 없을까?

7살 레오가 한창 밖에서 뛰어놀 시기에 코로나19로 사회적 거리두기가 시작되면서 어쩔 수 없이 집에 있는 시간이 길어졌다. 덩달아 아빠 알베르토는 집에서나마 아이가 흥미를 가질 수 있는 다양한 놀이를 함께하기 위한 고민이 많아졌다. 집에 있다 보면 TV나 스마트폰에 빠져서 시간을 보내기 쉬운데, 그런 수동적인 자극보다는 좀 더 창의적인 활동을 함께할 수 있는 방법은 없을까?

〜〜〜〜〜

주변을 둘러보면 레오보다 어린아이들도 벌써 스마트폰을 접하기 시작하는 경우가 많지만, 알베르토는 아이들이 최소한 만 12세가 될 때까지는 스마트폰을 보여 주지 않겠다는 방침을 갖고 있다. 스마트폰을 보여 주면 쉽게 아이들의 관심을 끌 수 있어 육아는 편해질지 모르지만, 그만큼 부작용도 많다고 생각하기 때문이다. 자칫 아이의 상상력을 제한하게 되거나, 아이가 정보를 수동적으로만 받아들이는 데 익숙해지지 않을까 싶어 제한을 둔다. 또 요즘에는 사람을 만나도 스마트폰만 들여다보는 경우가 많은데, 아이들도 나중에 사람과의 소통보다 스마트폰에 집중할까 봐 걱정스럽기도 하다.

유럽에서 이탈리아, 영국, 벨기에 등의 7개국을 대상으로 조사한 결과 2015년 기준으로 9~16살의 어린이 중 46%가 스마트폰을 보유하고 있었다고 한다. 스마트폰이 아이들의 집중력이나 비판적 사고 능력을 저하시킨다는 우려와 경각심이 높아지면서 프랑스는 2018년 8월부터 3~15살 학생들의 학교 내 스마트폰과 태블릿 등 인터넷이 연결되는 기기 사용을 금지하기도 했다.

아이들이 크면 어차피 스마트폰을 계속 사용하게 될 텐데, 어릴 때라도 다른 방식으로 놀고 배우는 방법을 익히면 좋을 것 같아서 알베르토는 다양한 눈높이 활동을 꾸준히 고민하고 있다. 꼭 장난감이 아니더라도 집에 있는 다양한 물건을 활용해 새로운 놀이를 해 보기도 하고, 아빠와 함께하는 과학 실험을 통해 홈스쿨링을 준비하기도 한다.

18개월이 된 동생 아라는 장난감에 통 관심이 없고 대신 주방용품, 생활용품, 욕실용품, 신발 같은 주변의 물건들에 관심이 많다. 거실에 냄비를 꺼내 놓고 미니 탱탱볼을 냄비 속에 던져 보기도 하고, 뒤집개로 냄비를 드럼처럼 쳐 보는 것도 아라에게는 신나는 놀이 시간이 된다.

레오가 유치원에 다녀오면 본격적으로 과학 홈스쿨링을 시작한다. 아빠 알베르토도 이탈리아에서 과학고를 다니며 종일 실험을 하곤 했는데, 레오도 과학 실험에 관심이 많은 점이 아빠를 꼭 닮았다. 아빠는 레오를 위해 이탈리아에서 사 온 실험 책을 꺼내 놓고, 그날의 주제에 따라 거실에 작은 실험실을 열어 준다.

첫 번째는 베이킹 소다에 다른 물질을 섞으면 어떤 반응이 일어나는지 알아보는 실험이다. 베이킹 소다에 다양한 색깔 물감과 세제를 넣고 무지개 색깔의 거품이 보글보글 올라오는 걸 관찰한다. 두 번째는 얼음 속에 갇힌 공룡 피규어를 구하기 위해 소금, 후추, 설탕 같은 물질을 뿌려 어떤 물질이 제일 빨리 얼음을 녹이는지 살펴본다. 알베르토는 실험 결과를 보면서 물질의 화학 반응과 소금의 흡열 반응에 대해 차근차근 설명도 해 준다. 과학 실험이라고는 해도 모두 여느 가정집에 있는 재료를 사용하는 실험이라 누구나 쉽게 따라 할 수 있다.

알베르토는 레오가 실험에 집중하는 모습을 보면서 한편으로는 스마트폰을 쓰지 못하는 게 서운할까 봐 못내 마음이 쓰이기도 한다. "세상에는 눈으로 보고 귀로 들으며 경험할 수 있는 일이 많은데, 스마트폰에 빠지기 시작하면 그 소중한 경험들을 즐기지 못하고 흘려보낼 수 있어." 알베르토는 레오에게 스마트폰을 쓰지 못하게 하는 이유를 설명해 주며, "심심할 때는 아무것도 안 해도 돼!"라고 덧붙인다. 끊임없는 자극을 좇기보다는 아무것도 하지 않는 심심한 시간이 있어야 내가 뭘 하고 싶은지, 뭘 좋아하는지 탐색할 수 있기 때문이다. 스마트폰이 아니라 주변을 둘러보아야 비로소 내면의 목소리에 귀 기울이고 꿈을 찾을 수 있다.

물론 스마트폰의 순기능을 잘 활용하는 것도 좋겠지만, 집에서 부모님과 함께 창의적인 활동을 하면서 얻을 수 있는 가치와는 비교하기 어렵다. 아이들은 단순히 지식을 전달받는 것이 아니라 부모와 정서적 유대감을 느낄 수 있고, 또 주어진 상황을 관찰하거나 해결하며 능동적으로 생각하는 법을 배운다. 그 과정에서 부모님과 소통하며 언어적 표현과 사회성도 함께 발달할 수 있다.

아직은 스마트폰이 없어도 충분히 세상 속에서 재미있고 의미 있는 경험을 많이 할 수 있는 시기다. 물론 아이를 다양한 경험 속으로 이끌어 주는 일이 부모에게도 쉽지 않은 과제일 수 있다. 하지만 아이의 생각이 자유롭게 뻗어 나가고 조금씩 세계가 확장되는 과정을 지켜보는 것 또한 부모의 중요한 역할이자 보람이지 않을까?

물 건너온 팁

투몰 우리 집에서도 평소에는 스마트폰을 잘 보여 주지 않지만, 식당에 밥을 먹으러 가면 스마트폰의 도움을 받게 된다. 주변에도 피해를 끼칠 수 있다 보니 부모의 편의를 위해서도 어느 정도는 활용하게 되는 것 같다. 스마트폰으로 만화 영화 한 편을 보는 것도 책 한 권을 읽는 것처럼 나름대로 배우는 게 많다고 생각한다. 하지만 한국에는 정말 다양한 육아 아이템이 있기도 하고, 또 집에 있는 생활용품도 충분히 아이가 좋아하는 장난감이 될 수 있다는 걸 느꼈기 때문에 나도 다양한 홈스쿨링을 시도해 봐야겠다는 생각이 든다.

리징 중국도 한국처럼 스마트폰 중독에 대해서 심각하게 생각하고 있다. 10살 미만 인구의 60%가 스마트폰을 통해 온

라인 접속을 시도한다고 집계된 결과도 있다고 한다. 미성년자 모바일 중독이 사회적 문제가 되고 있어서 대만에서는 2살 이하 영아의 디지털 기기 사용을 금지하기도 했다.

우리 하늘이는 올해 처음으로 스마트폰을 가지게 되었다. 사실 더 늦게 사 주고 싶었는데, 우리 부모님이 친구 중에 하늘이만 스마트폰이 없다고 하니 당장 사 주라고 하셔서 결국 사 주게 됐다. 그런데 스마트폰을 늦게 사 준 건 잘한 일이라고 생각한다. 툭하면 스마트폰을 들여다보는 습관이 들지 않아서 지금도 스마트폰을 자주 안 본다.

니하트 스마트폰의 순기능을 잘 활용하면 얻는 것도 많다. 특히 유튜브에는 다양한 콘텐츠가 무궁무진해서 잘 선택하면 교육적으로도 도움이 된다. 나린이는 유튜브로 영어를 배웠다. 집에서는 한국어와 아제르바이잔어만 쓰는데 어느 날부터 갑자기 영어를 하는 것이다. 밥을 안 먹을 때 유튜브를 보여 줬더니 그걸 보고 자연스럽게 영어를 익힌 게 정말 신기했다.

페트리 나도 스마트폰은 100% 좋은 것도, 나쁜 것도 아니라고 생각한다. 미꼬도 알파벳과 숫자에 관심이 많아서 유튜브로 외국어를 배웠다. 또 밥을 안 먹을 때 스마트폰을 활용하게 되는 경우가 많은데, 밥 먹는 것도 중요하기 때문에 도움이 되는 부분도 있다.

아빠 육아 실천하기

스마트폰은 아이들에게 빠르고 강렬한 자극을 제공하지만, 지나친 사용은 상상력과 집중력을 낮출 우려가 있다. 아이들이 능동적으로 탐구하고 창의적으로 사고할 수 있도록, 스마트폰을 대신할 수 있는 다양한 놀이 환경을 만들어 주자.

먼저 아이들은 직접 보고, 만지고, 듣고, 냄새 맡고, 맛보면서 세상을 배운다. 오감을 활용한 놀이를 적극적으로 시도하면 좋다는 이야기이다. 예를 들어, 주방에서 간단한 요리를 함께 만들어 보는 것도 좋은 방법이다. 아이가 밀가루 반죽을 만지며 감각을 익히고, 재료가 어떻게 변화하는지 관찰하도록 하면 자연스럽게 호기심이 생긴다.

집에서도 할 수 있는 간단한 과학 실험을 해 보는 것은 어떨까? 베이킹 소다와 식초를 섞어서 보글보글 거품이 생기는 것을 관찰하거나 다양한 그릇에 물을 담고 두드려 달라지는 소리를 들어 보는 것도 좋다. 아이들은 실험을 통해 원인을 생각하고 결과를 예상하는 과정을 배우게 된다.
즉흥 이야기 만들기도 좋은 놀이이다. 부모가 "옛날에 아주 귀여운 아이가 살고 있었어."라고 시작하면, 아이가 다음 줄거리를 이어서 말하게 해 보자. 스토리를 만들며 논리력과 창의력이 함께 길러진다.

무엇보다 '심심함'을 두려워하지 않도록 가르치자. 아이들이 스마트폰을 찾는 이유 중 하나는 '심심함' 때문이다. 하지만 심심함은 창의성의 시작점이 될 수 있다. 아이가 따분해 보인다면 "지금 뭐 하고 놀면 재미있을까?" 하고 물어 보자. 아이 스스로 놀이를 찾아내도록 유도하는 것이 중요하다.

스마트폰 없이도 아이는 충분히 즐겁고 의미 있는 경험을 할 수 있다. 중요한 것은 부모가 먼저 적극적으로 놀이에 참여하며, 아이에게 탐구할 기회를 열어 주는 것이다. 스마트폰보다 더 흥미로운 세상을 보여 주는 것이야말로, 부모가 아이에게 줄 수 있는 가장 큰 선물이다.

아빠	피터(영국)
아이	지오(11살), 엘리(8살)

아이의 편식은 어떻게 바로잡을 수 있을까?

부모로서는 아이들이 밥을 잘 먹는 것만큼 고마운 일이 없다. 하지만 대부분의 집에서는 식사 시간마다 편식 전쟁이 벌어지는 게 현실일 것이다. 영국 아빠 피터와 아이들의 식사 풍경도 예외는 아니다. 첫째 지오는 토종 한국인 입맛이라 나물, 찌개, 젓갈 등 웬만한 반찬만 있으면 잘 먹어서 크게 걱정이 없는데 둘째 엘리의 식성은 오빠와 정반대다. 밥보다는 빵, 크림파스타, 팬케이크 같은 양식을 좋아하는데 무엇보다 가리는 음식이 많아서 걱정스럽다. 골고루 먹어야 영양분을 다양하게 섭취할 텐데, 아이들의 식습관은 어떻게 고쳐 줘야 할까?

∿∿∿∿∿

아이들의 아침을 준비하는 피터 아빠의 손은 늘 바쁘다. 지오를 위한 밥과 나물 반찬을 준비하는 동시에 엘리를 위한 팬케이크와 오믈렛도 챙겨야 한다. 각자 취향에 맞는 아침상을 준비하다 보니 식탁 위는 음식이 한 상 가득 차려진다. 엘리에게 한식도 먹어 보라고 설득하지만 엘리도 양보하지 않고 단호하게 고개를 젓는다.

아이의 편식을 지켜보는 부모는 무엇보다 아이가 필요한 영양소를 다 섭취하지 못할까 봐 걱정이다. 또 어른이 되어서도 잘못된 식습관을 갖게 될까 봐 우려스럽기도 하다. 그렇다고 싫다는 음식을 억지로 먹이거나 음식을 남긴다고 혼내는 방식은 편식에 대한 해결책이 되지 않는다. 아이와 갈등만 커질뿐이다. 그뿐만 아니라 주변을 둘러보면 어릴 적 스트레스와 트라우마로 어른이 되어서도 그 음식을 싫어한다는 산증인도 적지 않다.

식습관을 고치기 위해서는 아이가 특정 음식을 거부하는 이유를 이해하고 긍정적인 경험을 할 수 있도록 도와주어야 한다. 편식을 하는 이유를 잘 들여다보면 특정 식재료의 맛 자체를 싫어하는 경우도 있지만, 그 음식에 대해 안 좋은 기억이 있거나 식사 시간 자체에 즐거움을 느끼지 못하고 흥미를 잃어버린 경우도 있다.

아이가 음식에서 느끼는 거부감을 우선 인정해 주되, 잔소리를 하기보다는 식사 시간에 대한 긍정적인 경험을 심어 주는 것이 좋다. 생채소를 싫어한다면 채소를 익히거나 갈아서 다른 조리법으로 접하게 해 주는 것도 하나의 방법이고, 또 마트에 가서 직접 식재료를 고르거나 조리하는 과정에 아이가 직접 참여하도록 하면 그 과정에서 음식에 대한 흥미가 높아지기도 한다.

피터는 엘리가 밥에 대한 인식을 바꾸는 계기가 될 수 있도록 실제로 쌀이 재배되는 제천으로 나들이를 계획했다. 제천에는 2천 년 넘게 이어져 지금까지도 사용하고 있는 오래된 농경지가 있다. 농경지 주변에 있는 의림지는 둘레가 약 2km나 되는 인공 저수지인데, 삼한시대에 농사를 짓는 데 필요한 물을 조달하기 위해서 만들어졌다고 한다.

지오와 엘리는 아빠와 함께 직접 논밭을 둘러보고 의림지 역사 박물관에도 가서 우리 식탁에 오르는 쌀이 어떻게 재배되는지 알아본다. 교과서에서 배울 수 없는 현장감을 고스란히 체험하고, 쌀의 역사와 농부들의 노고에 대해 새롭게 접하며 생각해 볼 수 있는 시간이다. 하루 종일 야외에서 자전거를 타고 피크닉도 한 뒤에 제천에서 난 쌀로 만든 주먹밥을 주니 엘리도 양이 적다고 투정할 만큼 맛있게 먹었다. 배가 고픈 탓도 있었겠지만 직접 쌀이 재배되는 논밭을 보고 난 뒤라 쌀과 조금은 친숙해진 덕분이지 않을까?

아이의 편식이 나아지려면 너무 조급하게 접근하기보다는 음식과 관련된 장소에 나들이를 가는 것처럼 음식과 친해질 수 있는 경험을 늘려 가며 자연스럽게 흥미를 갖도록 도와주는 것이 좋다. 음식을 안 먹으면 벌을 받거나, 반대로 음식을 먹으면 보상을 받는 방식은 일시적으로 효과가 있는 것처럼 보일지 몰라도 음식에 대한 관점과 태도를 근본적으로 바꾸는 데에는 도움이 되지 않는다.

아이가 한 입이라도 먹으면 충분히 칭찬하고 격려하면서 긍정적인 피드백을 꾸준히 해 주고, 또 즐거운 식사 분위기를 조성하며 부모가 다양한 음식을 맛있게 먹는 모습을 보여 주는 것도 아이에게 좋은 영향을 줄 수 있다. 이는 편식 문제뿐 아니라 식사 예절을 배우고 올바른 식습관을 형성하기 위해서도 유익한 교육이 된다. 다만 아이마다 성장의 속도는 다르고, 식습관이나 식사 예절이 단기간에 고쳐지기는 어렵다. 따라서 부모가 인내심을 가지고 꾸준히 노력하는 것도 중요하다.

물 건너온 팁

니하트   우리 집에서도 태오는 뭐든지 잘 먹어서 걱정이 없는 편인데, 누나인 나린이는 활동량에 비해 밥을 잘 먹지 않는 편이다. 처음에는 억지로라도 먹이려고 했는데 지금은 스스로 먹지 않으면 내버려둔다. 스스로 배가 고파지면 알아서 먹기 때문에, 자신이 필요하다고 느낄 때까지 기다려 주기로 했다.

니퍼트   아침으로 미국식 빵이나 시리얼을 먹기보다는 웬만하면 아이들에게 한식을 먹이려고 한다. 메뉴를 특별히 가리지는 않지만 아이들이 식사에 집중하지 못하고 장난을 칠 때가 많은데, 식사 시간만큼은 단호한 태도로 훈육한다. 식사 예절이 중요하다고 생각하기 때문에 밥을 먹는 중에는 딴짓을 하지 말고 집중해야 한다는 걸 가르쳐 주고 싶다.

아빠 육아 실천하기

아이의 편식을 고치려면 억지로 먹이는 것보다 자연스럽게 음식과 친숙해지는 경험을 늘려야 한다. 부모가 먼저 다양한 음식을 즐기는 모습을 보여 주고, 아이가 스스로 관심을 가질 수 있도록 유도해 보자. 식재료를 직접 만지고 요리하는 과정에 참여하는 활동을 하면 음식에 대한 거부감이 줄어든다.
논밭 체험이나 시장 방문을 통해 식재료가 어디서 오는지 경험하게 하는 것도 좋은 방법이다. 밭에서 직접 고구마를 캐고, 논에서 벼를 본 아이는 밥과 반찬을 단순한 음식이 아니라 자신이 체험한 결과물로 인식하게 된다. 요리를 함께하는 것도 효과적이다. 아이는 스스로 만든 음식을 더욱 흥미롭게 받아들인다. 자연히 새로운 맛에도 호기심을 갖게 될 것이다.

식사 분위기도 중요한 요소다. 부모가 "이거 꼭 먹어야 해."라고 강요하기보다는 "한 입만 맛보고 어떤 느낌인지 말해 줄래?"처럼 호기심을 자극하는 방식이 효과적이다. 음식을 한 입이라도 먹으면 칭찬해 주고, 즐겁게 식사하는 분위기를 조성하면 자연스럽게 식습관이 개선된다. 중요한 것은 아이가 음식과 친숙해질 시간을 충분히 주고, 강요 없이 긍정적인 경험을 쌓아 가도록 돕는 것이다.

아빠	올리버(미국)
아이	체리(18개월)

아이의 분리 수면 교육은 꼭 필요할까?

미국 남부의 대자연을 느낄 수 있는 텍사스에 살고 있는 올리버 아빠는 유튜브에서 200만 명의 구독자를 보유한 스타 크리에이터다. 영상을 통해 미국의 문화를 소개하거나 영어 공부에 대한 꿀팁도 공유하고, 18개월 딸 체리와의 일상을 보여주기도 한다. 8천 평 가까이 되는 마당에 사슴과 다람쥐가 오가는 자연 친화적인 환경도 한국에서는 생소한 모습이지만, 특히 육아 방식에 대한 문화 차이가 많은 한국인 부모의 관심을 모았다.

∿∿∿∿∿

18개월이 된 체리는 태어난 후로 지금까지 쭉 분리 수면을 하고 있다. 체리가 아침에 방에서 일어나 울음을 터트리는 소리가 들리면 엄마와 아빠는 얼른 일어나서 체리의 방으로 달려간다. 한국에서는 이 시기의 아이를 방에서 따로 재우는 경우가 많지 않지만, 미국에서는 아주 어릴 때부터 분리 수면을 하는 게 보통이다. '영아 돌연사 증후군'에 대한 경각심 때문이다.

영아 돌연사 증후군은 생후 1년 미만의 건강한 아이가 특별한 이유 없이 갑작스럽게 사망하는 것을 말한다. 부모와 아이가 같은 침대에서 자는 경우에도 잠결에 아이가 부모의 몸에 눌리거나 질식할 수 있어 미국에서는 보통 분리 수면을 권장한다. 얼굴이 폭신한 침구류에 눌리는 것도 위험할 수 있기 때문에 베개나 이불도 쓰면 안 된다.

분리 수면은 아이의 밤잠 패턴이 형성될 무렵부터 시작하면 좋지만, 아이가 준비되었는지 살피면서 점진적인 변화를 주어야 한다. 처음에는 짧은 낮잠부터 시작하거나, 잠들 때까지 부모가 아이의 방에 함께 있어 주다가, 점점 아이가 혼자 잠드는데 익숙해지도록 돕는 것도 좋다. 혼자 자는 데 성공했을 때는 아낌없는 칭찬과 격려를 통해 긍정적 강화를 해 주어야 한다. 체리는 출생 후에 병원에서 집에 왔을 때부터 짧은 낮잠부터 시작해 분리 수면을 연습했다.

물론 처음에는 아이가 우는 소리가 들리면 부모도 마음이 아파 단호하게 마음을 먹는 게 쉽지는 않았다. 특히 한국에서 자란 아내는 아기가 방에서 혼자 자는 건 미국 영화에나 나오는 일이라고 생각했기에 아이의 울음 소리를 듣고 많이 울기도 했다. 하지만 얼마 되지 않아 체리가 씩씩하게 분리 수면을 해냈고, 이제 가족들에게는 익숙하고 자연스러운 일상이 됐다.

한국에 계신 할머니와 할아버지도 올리버 가족이 방문하면 체리의 방을 따로 마련해 준다. 한국에서 익숙한 방식은 아니지만 부부의 육아 방식을 존중해 주는 것이다.

안전을 중시하는 미국 아빠의 육아법에서 또 다른 눈에 띄는 점은 카시트 사용법이다. 보통 운전석이나 조수석 뒷자리에 정방향으로 카시트를 설치하는 한국과 달리 미국에서는 주로 카시트를 뒷자리 가운데에 역방향으로 설치한다. 교통 사고가 나게 되면 역방향으로 설치한 카시트가 정방향보다 최소 5배 이상 안전하다는 연구 결과가 있다. 정방향으로 앉아 있으면 부딪친 충격을 카시트의 안전벨트로만 받아 내야 하지만 역방향으로 앉으면 충격이 카시트의 등 쪽으로 분산되어 부상의 위험이 줄어들기 때문이다. 그래서 미국의 카시트는 설명서에도 아이가 23kg이 될 무렵까지는 역방향으로 설치하길 권장한다.

육아 방식의 차이는 문화적, 환경적, 개인적 요인을 통해서 달라질 수 있어 가정마다 유연하게 적용할 필요가 있다. 한국은 가족 간의 유대감을 중요시하는 편이고, 아이의 정서적 안정을 고려하여 부모와 함께 자는 문화가 보편적이다. 반면 미국은 아이의 자기 조절 능력과 건강한 독립성을 고려하여 아주 어릴 때부터 분리 수면을 하는 경우도 많다.

　아이와 애착 관계를 형성하는 것이 중요한 시기에는 함께 자는 것이 더 나은 선택일 수 있다. 부모와 아이가 서로의 숨소리와 심박수를 느끼는 것이 서로에게 안정감을 주고, 아이가 자다가 깨어났을 때도 부모가 곁에 있으면 더 쉽게 다시 잠들 수 있다. 한편으로는 부모가 수면의 질을 높이고 충분한 휴식을 취한 뒤 육아를 이어 가기 위해 분리 수면을 선택하는 편이 도움이 되기도 한다. 부모의 수면 부족은 육아 스트레스를 가중시켜 아이와의 관계에도 부정적인 영향을 미칠 수 있다.

　중요한 것은 아이가 안정감을 느낄 수 있는 긍정적인 환경을 조성하는 것을 전제로 수면의 방식을 선택해야 한다는 점이다. 분리 수면을 한다면 깨어 있는 시간 동안에 충분한 애정 표현과 긴밀한 상호 작용을 하기 위해 노력하고, 또 규칙적인 수면 루틴을 만드는 것도 아이의 불안감을 줄이는 데 큰 도움이 된다. 분리 수면을 단순히 '혼자 자는 것'에 초점을 맞추기보다는 건강한 관계 속에서 아이가 독립성과 자신감을 기르는 과정을 돕는다는 관점에서 바라보아야 한다.

물 건너온 팁

알베르토 나는 한국에 와서 아이들이 부모님과 함께 자는 걸 보고 오히려 놀랐다. 미국이나 유럽에서는 아이가 걷기 시작하면 따로 재우는 경우가 많고, 이탈리아에서도 분리 수면 교육은 필수다. 첫째 레오는 16개월부터 잘 걸어 다녀서 따로 재우기 시작했고, 둘째 아라는 더 빨리 분리 수면을 시작했는데 옆에 오빠가 있으니 더 수월했다. 처음에는 낯설어서 울기도 했지만 지금은 레오도 아라도 졸리면 알아서 본인 방에 들어가서 잔다.

피터 우리 아이들도 영국 스타일로 어릴 때부터 분리 수면을 했다. 어릴 때부터 자기 방을 지정해 놓고 잠은 꼭 그 방에서 자기로 약속해서, 지금도 무조건 잠자러 갈 땐 본인 방으로 들어간다. 한편으로 분리 수면을 통해서 부부만의 공간을 소중하게 유지할 수 있다는 점도 중요하다고 생각한다.

투물 분리 수면에 장점이 많다고 생각하지만 아직은 다나가 어려서 분리 수면을 할 엄두가 안 난다. 한편으로는 나중에 크면 절대 아빠랑 같이 자지 않으려고 할 테니 함께 잠드는 이 시간을 소중히 여기고 싶은 마음도 있다. 자다 깨서 우는 아이를 달래는 게 물론 힘들긴 하지만, 그조차도 나중에는 무척 그리워질 것 같다.

아빠 육아 실천하기

아이의 수면 방식은 문화와 가정의 환경에 따라 다를 수 있지만, 중요한 것은 아이가 안정감을 느끼며 편안하게 잘 수 있도록 돕는 것에 있다. 따라서 무조건 독립 수면 교육을 하고 싶다면, 점진적인 변화를 시도하는 것이 바람직하다. 예를 들어, 부모와 같은 방에서 따로 자는 연습을 하거나, 아이가 혼자 자는 환경을 긍정적으로 받아들일 수 있도록 일정한 수면 루틴을 만들어 주는 것이다. 책 읽기, 가벼운 마사지, 잔잔한 음악 듣기 같은 습관을 반복적으로 적용하면, 아이는 수면 시간을 안정적인 경험으로 인식할 수 있다. 필요하면 다시 함께 자는 시기를 가지는 것도 괜찮다. 중요한 것은 수면이 불안한 경험이 아니라 편안하고 안전한 시간이라는 인식을 심어 주는 것이다.

아이가 혼자 자는 것을 거부한다면 원인을 세심하게 살펴볼 필요가 있다. 낮 동안 부모와 충분한 애착 시간을 가지지 못한 경우에 아이는 밤에 더욱 부모의 존재를 원할 수 있다. 이럴 때는 단순히 잠자리에서 아이를 독립시키려 하기보다는, 낮 동안 부모와의 교감을 늘리는 것이 더 효과적일 수 있다. 함께 놀이 시간을 가지거나 스킨십을 충분히 하면서 아이의 정서적 욕구를 충족시켜 주면, 아이는 자연스럽게 혼자 자는 것에 대한 거부감을 줄일 수 있을 것이다.

아빠	니하트(아제르바이잔)
아이	나린(4살), 태오(16개월), 셋째 출산 예정

세계 어디에서든 적응할 수 있는 독립심은 어떻게 키워 줄까?

빠른 발전으로 점점 국가의 경계가 사라지고 있는 미래에 아이들은 더더욱 세계 어디에서나 독립적으로 살아갈 수 있는 능력이 필요할 것이다. 특히 아제르바이잔은 유럽과 중앙아시아 사이에 있는 국가로, 성인이 된 후에 해외 각지에 흩어져 사는 경우가 많다. 어딜 가서든 적응을 잘하는 국민성이 있지만 그럴수록 더더욱 독립성이 중요할 것이라는 생각이 든다. 그렇다고 아이가 하고 싶은 대로 마냥 알아서 하게 둘 수는 없는 노릇인데, 부모로서 어떻게 독립심을 길러 줄 수 있을까?

〜〜〜〜〜

니하트 가족은 주말을 맞아 동물원 나들이에 가기로 했다. 신나게 동물원을 구경하고 사진도 찍다가 마지막 코스는 역시 아이들이 가장 좋아하는 기념품 숍이다. 바람개비부터 나비 장난감까지 가지고 싶은 장난감이 잔뜩 진열되어 있는 기념품 숍에 들어서자 나린이의 눈이 휘둥그레진다.

니하트는 나린이에게 수많은 장난감 중에서 '딱 하나만' 직접 골라 보도록 한다. 그 많은 장난감 중에서 가장 원하는 것 하나만 고르는 게 아이에게는 무척 어려운 일이겠지만, 원하는 걸 모두 가질 수는 없다는 경제관념과 함께 스스로 선택할 수 있는 힘도 길러 주고 싶다. 나린이가 마침내 장난감 하나를 신중하게 고르면 직접 카운터에 가져가서 계산까지 할 수 있도록 가르쳐준다. 별것 아닌 것 같은 사소한 과정이지만, 이런 경험을 통해 뭐든지 부모가 대신 해 주는 것이 아니라 스스로 해낼 수 있다는 자신감이 조금씩 쌓여 갈 것이라고 믿는다.

실제로 아이가 독립을 하는 건 먼 미래의 일이겠지만, 어릴 때부터 독립심을 배우는 것은 아이가 스스로 문제를 해결하는 능력을 키우고 다양한 상황 속에서 주도성과 자율성을 갖는 데에도 중요한 부분이다. 이를 통해 자기 자신을 신뢰하고 존중할 수 있게 되고, 사회에 나가 책임감을 가지고 자신 있게 살아가는 토대를 마련할 수 있다.

니하트가 어릴 때부터 독립심을 길러 주는 걸 중요하게 생각하는 이유 중 하나는 아빠 자신도 시행착오를 겪었기 때문이다. 아제르바이잔에서는 보통 18살 성인이 되고 나서부터 경제적 독립을 한다. 니하트는 17살 때 한국에 왔는데, 아빠가 주신 한 달 생활비 80만 원을 하루 만에 탕진해 버렸다. 그동안은 삶에 필요한 대부분의 것을 아빠가 알아서 챙겨 주셨기 때문에 자신의 삶을 꾸려 나가는 법을 전혀 몰랐던 것이다. 그래서 나린이에게는 어릴 때부터 자신이 필요로 하는 것이 뭔지 고민하는 것부터, 자신이 할 수 있는 일과 해낼 수 있는 방법을 차근차근 가르쳐 주고 싶다.

자녀가 실제로 독립하는 시기는 국가마다 차이가 있다. 한국은 만 19세부터 성인이 되지만 부모와 주거지를 나누거나 경제적으로 독립하는 시기는 늦은 편이다. 이탈리아는 경제적 독립은 빠른 편이지만, 한국처럼 가족 중심적인 문화가 있어서 주변의 유럽 국가들에 비해 주거 독립을 하는 시기는 상당히 늦다. 20대 후반에서 30대 초반까지 부모님과 사는 경우가 많아서 '밤보 치보이(마마보이)'라는 용어가 나오기도 했다.

중국에서도 결혼한 후까지 부모님과 같이 사는 경우가 많고, 인도에는 아예 독립이라는 개념 자체가 없다. 몇 세대에 걸쳐 대가족을 이루고 사는 모습이 대부분이기 때문이다. 반면 핀란드는 18살 전후로 되면 무조건 자립해야 하고, 청소년기에 접어든 아이들은 독립을 준비하는 걸 자연스러운 일로 받아들인다. 성인이 된 후에도 부모의 집에 계속 머무르면 뭔가 문제가 있는 것처럼 바라보는 분위기다.

각 문화마다 시기별 차이는 있지만 결국 어느 나라에서든 육아의 궁극적인 목표는 아이의 독립이다. 이는 주거 독립이나 경제적 독립을 넘어 아이 스스로 자신의 삶을 책임지고 살아갈 수 있는 하나의 인격체로 성장시키는 일이다. 때로는 아이가 세상을 살아가며 상처 하나 받지 않도록 감싸고 보호해 주고 싶지만, 아이가 언젠가 부모의 품을 벗어나 우뚝 설 수 있도록 조금씩 연습하고 때로는 그저 지켜봐 주는 것도 부모의 역할일 것이다.

물 건너온 팁

페트리   한국에서는 핀란드 육아에서 '자유'를 중시한다고 생각하지만 핀란드는 규칙과 독립심을 매우 중요하게 여긴다. 아동 체벌은 완전히 금지하고 있는 한편 어릴 때부터 빨래 개기, 혼자 밥 먹기 등 작은 일부터 스스로 할 수 있도록 가르친다.

나도 미꼬와 잠깐 산책을 하더라도 어디로 가고 싶은지, 왜 가고 싶은지 아이의 생각을 물어 본다. 필요한 경우 단호하게 훈육해야 한다는 소신이 있어서 비교적 엄격하게 육아하는 편이다. 이를테면 10시에는 무조건 잠자리에 들어야 하고, 밥은 꼭 먹어야 한다는 등 생활의 규칙을 중시하면서도 아이의 독립심을 키워 주려고 노력한다. 미꼬가 아직 어려서 힘들어할 때도 있지만 천천히 연습하고 있다.

리징　중국에서 나와 비슷한 시대에 태어난 아이들은 거의 다 외동이다. 부모가 아이를 너무 사랑하다 보니 '오냐오냐' 하며 키우는 경우가 많다. 혼자 할 수 있는데도 모든 걸 다 도와주는 것이다. 예전에 뉴스에서 본 사례인데, 경영학과에 다니는 대학생들이 판매를 하는 실습을 했다고 한다. 그런데 미국에서는 자기 능력으로 판매해 점수를 따는 데 비해 중국은 가족들이 자녀의 상품을 다 사 버렸다는 것이다.

개인적으로 중국에서는 아이의 독립심을 키우는 훈육이 아직은 어려운 것 같다. 우리 부모님만 해도 제일 좋은 음식은 무조건 나부터 챙겨 주시고, 명절 때도 내가 드리는 용돈을 절대 안 받으신다. 중국도 이제는 '1가구 3자녀 정책'이 시작되어 많이 바뀌는 추세지만 자녀를 끔찍하게 생각하는 마음은 그대로일 듯하다.

니퍼트 미국은 대개 유치원에 입학 전 3살까지 자신의 몸치장, 손 씻기, 양치질, 용변 처리 등을 스스로 할 수 있도록 가르친다. 또 아이가 화를 내거나 떼를 쓸 때는 소리 지르지 말고 차근차근 말하라고 교육한다. 미국에서는 일정 시간 스스로 생각할 수 있도록 하는 타임아웃 체어(생각하는 의자) 훈육법을 쓰기도 한다. 나의 경우에도 차분히 설명하며 일관성 있게 훈육하는 것을 중요하게 생각하는 편이다.

아빠 육아 실천하기

자율성을 키운다는 것은 무조건적인 방임이 아니라, 아이가 선택하고 책임지는 경험을 통해 자기 결정력을 기르게 하는 것이다. 이를 위해 부모는 아이의 모든 문제를 대신 해결해 주기보다, 작은 선택의 기회를 지속적으로 제공해야 한다.

예를 들어, 아이가 아침에 입을 옷을 직접 고르게 하거나, 간식을 선택하도록 하는 것부터 시작할 수 있다. 이러한 경험이 쌓이면 점차 더 중요한 결정도 스스로 내릴 수 있는 능력이 생긴다. 이 과정에서 부모는, 아이가 선택한 결과를 존중하며 좋은 판단을 내릴 수 있도록 도와주어야 한다. 만약 아이가 덥거나 추운 옷을 골랐다면, "이 옷을 선택했구나. 밖에 나가면 날씨가 어떨 것 같아?"라고 질문하며 아이 스스로 다시 한번 판단할 기회를 주는 것이다.

또한, 아이에게 탐색과 실험의 기회를 주되, 기본적인 규칙과 책임감을 익히는 환경을 만들어야 한다. 예를 들어, "놀이터에서 신나게 놀아도 좋아. 하지만 놀이터를 떠날 때는 정리하고 가야 해."처럼 자유와 규칙을 동시에 알려 주는 것이다. 만약 문제가 생겼다면 아이가 스스로 해결할 시간을 주는 것이 좋다. 아이가 어려움을 겪을 때 바로 해결책을 제시하기보다, "어떻게 하면 좋을까?"라고 묻고 기다려 주는 연습이 필요하다. 이런 과정이 반복되면 아이는 주어진 환경 속에서 스스로 생각하고 결정하는 능력을 기르게 된다.

아빠	앤디 (남아프리카)
아이	라일라 (3살)

아이가 울면 마음 약해지는 아빠, 훈육이 꼭 필요할까?

아직 말도 배우지 못한 어린 자녀에게도 훈육이 필요할까? 부모로서는 귀엽고 사랑스럽기만 한 아이에게 무엇을 가르치거나 단호하게 대하는 것이 어렵게 느껴지기도 한다. 하지만 아이에게 훈육은 혼내거나 질책하는 의미와는 다르다. 아이가 올바른 행동을 배우며 좀 더 안정적인 정서적 발달을 할 수 있도록 믿을 만한 가이드가 되어 주는 일에 가깝다. 아빠도 아빠로서 살아 보는 게 처음이라 아직은 훈육이 서툴고 어렵기만 한데, 어떻게 하면 올바르게 훈육할 수 있을까?

∿∿∿∿∿

자연으로 둘러싸인 남원의 평화로운 아침이지만, 역시나 아이와의 식사 시간은 마냥 평화롭지만은 않다. 라일라는 식탁에 앉아 얌전히 밥을 먹는가 싶더니 금방 흥미를 잃은 듯 방울토마토를 불쑥 창밖으로 던져 버렸다. 창밖이 바로 텃밭이라 방울토마토를 던지는 게 크게 문제가 되지는 않겠지만, 아내가 바로 라일라에게 "음식을 던지면 안 돼."라고 말하며 행동을 바로잡는다. 하지만 그것도 잠시, 얼마 후에 라일라가 이번에는 들고 있던 숟가락과 컵을 던지고 말았다.

엄마가 다시 단호하게 던지면 안 된다고 훈육하자 라일라는 울음을 터트렸다. 아빠인 앤디는 라일라가 아직 어리기 때문에 그저 재미로 한 것뿐이라고 감싸지만, 엄마는 던지지 않는 행동을 분명하게 가르칠 필요가 있다는 입장이다. 엄마와 아빠의 반응이 다르니 라일라는 아빠에게 보란 듯 더 크게 울기 시작했다. 결국 아빠가 방으로 들어가고 엄마와 둘이 남게 되자 그제야 라일라는 자신이 던진 물건을 줍고 정리했다. 앞으로는 물건을 던지지 않겠다고 엄마와 약속도 하면서 상황이 종료되었다.

아기가 울면 마음이 약해지는 앤디는 훈육이 불가능할 때가 많아서 평소 훈육은 엄마가 도맡아 하는 편이다. 다만 평소에는 엄마의 말을 잘 듣고 정리도 잘 하던 라일라가 허용적인 아빠 앞에서는 오히려 떼를 쓰고 우는 일이 많아서, 부부 사이에도 훈육에 대한 논의는 계속된다.

앤디는 라일라의 행동을 자꾸 안 된다고 제지하면 나중에 라일라가 부모를 싫어하지 않을까 걱정이다. 하지만 엄마는 '안 돼'를 꼭 가르쳐야 한다는 생각이다. 살면서 하면 안 되는 행동은 반드시 누군가에게 배우게 되는데, 그걸 오히려 사랑하는 부모님이 가르쳐 주는 것이 좋지 않을까 싶은 마음이다.

　무엇보다 훈육 상황에서 부모의 의견이 다르면 라일라가 서운하고 억울한 감정을 가질 수 있다. 슬픈 상황이 아니라 잘못된 행동을 바로잡는 상황이기 때문에, 아이의 슬픔에 초점을 맞춰 달래 줄 필요는 없다. 그러면 아이가 자신의 잘못이 아니라, 엄마가 혼낸 행동이 잘못된 것처럼 느낄 수 있기 때문이다. 엄마가 훈육을 하더라도 아빠가 엄마에게 혼난 걸 달래 주는 게 아니라, 어느 정도 진정되고 나면 그 이유를 설명해 주어야 아이가 혼란스럽지 않고 받아들이기도 쉽다. 때로는 필요한 훈육을 단호하게 했을 때 아이도 부모님을 존중하고 존경하는 마음을 갖게 된다.

　아이의 훈육은 위험한 상황으로부터 아이를 지키기 위해서도 필요하고, 또 사회에서 적용할 수 있는 기본적인 규칙을 배우는 과정이 되기도 한다. 올바른 행동으로 이끌어 줄 때 아이는 오히려 자신이 보호받고 있다고 생각하며 정서적인 안정감을 느낄 수 있다. 물론 훈육을 할 때는 아이에게 감정적으로 화를 내는 것이 아니라 아이가 이해할 수 있도록 즉각적이고 명료하게 말해 주는 것이 포인트다. 잘못된 행동을 했을 때는 즉시 알려 주되, 올바른 행동을 했을 때는 충분히 칭찬해 주는 것도 좋은 훈육 방법이다.

부모도 완벽하지 않기에 실수하면서 배우기 마련이다. 때로는 단호하게 가르치고 때로는 따뜻하게 감싸며 균형을 맞춰 갈 필요가 있지만, 부모와 아이의 성향에 맞는 훈육 방법을 찾아가는 과정에서 시행착오도 겪을 수 있다. 다만 사랑과 존중을 바탕으로 한 훈육은 아이를 힘들게 하는 일이 아니라, 아이가 부모에 대한 신뢰를 쌓고 한 명의 인격체로 자라나는 과정을 돕는 일이라는 사실을 기억하면 된다.

물 건너온 팁

피터 훈육할 때 제일 중요한 건 엄마와 아빠가 일관된 태도를 보여야 한다는 점이다. 안 그러면 아이가 혼란스러워할 수 있다. 어떨 땐 괜찮고 어떨 땐 안 되는 것이 아니라 부부가 논의하여 같은 기준을 두고 같은 방향으로 훈육해야 한다.

알베르토 나는 아이를 훈육할 때 무조건 대화로 푸는 스타일이다. 예를 들어 아들 레오가 똑바로 앉아 있지 않으면 "레오,

똑바로 앉아"라고 하기보다는 간접적으로 아내에게 돌려 말한다. "여보, 레오 똑바로 앉아 있으니까 너무 착하지 않아?" 그러면 레오가 알아듣고 금방 자세를 고쳐 앉는다. 지적을 하기보다는 간접적으로 칭찬하는 것이 더 효과적이다. 혼낼 일이 있어도 큰 소리를 내지 않고 대화를 시도하는데 아이가 말을 잘해서 끝이 없을 때도 있다. 그래도 40분씩 끈기 있게 이야기로 풀어 가려고 한다.

투물 딸 다나 앞에서 절대 소리를 크게 내지 않는다. 내가 가끔 속상해서 시무룩하게 있기만 해도 다나는 내가 화를 내는 줄 알고 숨어서 훌쩍거린다. 그래서 다나 앞에서는 항상 웃으려고 하고, 술도 안 먹고 식사 예절에도 주의한다. 뭐든지 조심하며 키우다 보니 훈육을 단호하게 하는 건 사실 어렵게 느껴진다.

다만 인도에서는 무책임하고 무례한 행동을 용납하지 않고 친절을 매우 강조하기 때문에 아이도 그렇게 자랄 수 있도록 이끌어 줘야 한다는 책임감을 느낀다. 인도에서 부모들은 항상 "참을성 있는 자가 세상을 지배할 것이다."라고 가르친다.

니하트 우리는 외출하기 전에 동생과 싸우지 않기, 울거나 떼쓰지 않기 같은 약속을 먼저 정한다. 그리고 그 규칙을 상기시키면서 자기가 한 약속은 스스로 지킬 수 있도록 가르치고 있다. 때로는 당근과 채찍도 필요하다고 생각해서, 동물원에 가러 나왔어도 규칙을 지키지 않으면 동물원에 갈 수 없다고 말해 준다. 다만 아이에게 언성을 높여 화를 내지는 않는다. 미리 정한 규칙에 대해서 설명하고 설득해서, 아이가 스스로 자신의 약속에 대해 생각할 수 있는 시간을 주려고 한다.

페트리 북유럽의 아빠들은 엄격하기보다 친근한 편이라 그런 아빠들을 지칭하는 단어도 다양하게 있을 정도다. 자녀와 평등한 관계 속에서 정서적인 안정과 자율성을 중요시하는 아빠는 '스칸디 대디', 친구처럼 육아에 활발하게 참여하는 아빠는 '프렌디'라고 한다. 한 손에 카페라떼, 한 손에 유모차를 미는 아빠라고 해서 '라테 파파'라는 말도 있다.

아빠 육아 실천하기

처음 아빠가 되면 무엇을 어떻게 해야 할지 막막할 때가 많다. 하지만 육아는 '완벽한 부모'가 되는 것이 아니라, 아이와 함께 배우고 성장하는 과정이다. 실수해도 괜찮다는 마음가짐을 가지면 육아가 훨씬 편안해진다.

아빠도 처음부터 능숙하게 아이를 돌볼 수는 없다. 기저귀를 갈 때 서툴고, 아이가 왜 우는지 몰라 당황하는 순간이 많을 것이다. 하지만 중요한 것은 포기하지 않고 계속 시도하는 것이다. 실수를 줄이려 하기보다, 아이와 함께하는 시간을 늘리고 점점 익숙해지는 것이 더 효과적이다.

육아를 엄마에게만 맡기기보다, 작은 일부터 적극적으로 참여하는 것이 중요하다. 아이를 목욕시키거나 재우는 것처럼 일상적인 일들을 반복하다 보면 자연스럽게 자신감이 생긴다. 또한, 아이와 단둘이 시간을 보내며 교감을 쌓으면 '육아는 힘든 일'이 아니라 '함께하는 즐거움'이라는 것을 깨닫게 된다.

무엇보다 아이에게 필요한 것은 완벽한 부모가 아니라, 함께하는 부모다. 아빠가 실수해도 최선을 다하는 모습을 보이면, 아이도 실패를 두려워하지 않고 성장할 수 있다. 육아는 아빠와 아이가 함께 배우는 여정이며, 그 과정 자체가 의미 있는 경험이 될 것이다.

2장

교육

배움의 길잡이가 되어 주려면

아빠	리징(중국)
아이	하늘(11살)

아이의 선행 학습과 사교육은 꼭 필요할까?

11살 딸 하늘이는 공부하는 걸 좋아하고 심심하면 책도 많이 읽는다. 지금은 영어, 수학, 논술 학원을 다니고 있고 앞으로는 음악, 태권도 같은 예체능 학원도 다니고 싶어 한다. 아이가 공부에 열정이 있다는 건 고마운 일이지만, 사교육을 많이 받는 게 아이를 위해서 좋은 일이 맞을까? 요즘에는 선행학습이나 사교육이 너무 당연한 일이 됐다. 주변 아이들이 모두 사교육을 받는데 우리 아이만 안 하는 것도 마음에 걸리고, 또 학원에 다니는 게 아이에게는 친구들을 만나는 시간이라 본인이 원하는 경우도 많다. 마냥 부정적으로 바라볼 일은 아니지만, 너무 많은 시간을 학원에서 보내는 아이들이 한편으로는 걱정스럽기도 하다.

∿∿∿∿∿

　무역회사를 운영하고 있는 리징 아빠는 한국에서도 높은 교육열로 유명한 개포동에 거주하고 있다. 중국에서 한국 드라마 속 교육열이 높은 곳으로 꼭 대치동이 나오는 걸 보면서 아이 교육을 위해서 일부러 이사를 결정했다. 얼마 전에 둘째가 태어나 아내가 조리원에 있는 동안 리징 아빠는 집에서 딸 하늘이를 전적으로 케어하며 아빠이자 매니저 역할까지 든든하게 해 주고 있다.

아침에는 익숙한 솜씨로 중국에서 즐겨 먹는 샤오미조우(좁쌀죽)과 중국식 햄버거를 준비한다. 샤오미조우는 끓이는 데 1시간은 걸리지만 기력 회복에 좋아 출산 후에도 꼭 챙겨 먹는 음식이다. 식사 준비 후에는 하늘이를 깨우고 등교 준비를 하는 동안 분 단위로 시간 알림도 해 준다. 시간을 효율적으로 쓰는 것이 매우 중요하다고 생각해서 하늘이에게도 시간 관념을 가르쳐 주려고 하는데, 하늘이도 익숙하게 시간에 맞춰 척척 등교 준비를 한다.

하교 후에 하늘이는 집에 들렀다가 논술 학원, 수학 학원, 영어 학원을 연이어 가는 스케줄을 소화한다. 집에 오면 밤 10시가 다 되어 피곤할 법도 한데 하늘이 자신이 학원 다니는 걸 좋아하고 미리 공부하는 게 즐겁다고 하니 아빠로서는 최대한 도움을 주려고 한다. 대신 내내 공부만 하기보다 주말에는 등산도 하고 좋아하는 영화도 보면서 쉬도록 격려하는 편이다.

특히 1년을 대기하고 나서야 등록할 수 있었던 논술 학원은 하늘이가 가장 좋아하는 학원이다. 학원 가는 날이 가족 여행과 겹쳤을 때는 논술 학원을 빠지기 싫다고 해서 결국 여행 날을 미뤘을 정도다. 리징은 하교한 하늘이를 차에 태워 논술 학원에 데려다주고, 집에 와서는 하늘이가 학원 끝나고 먹을 간식을 만든다. 반죽부터 직접 한 단팥빵을 챙겨들고 다시 대치동 학원가로 픽업을 갔다가 수학 학원으로 라이딩해 주는 일정도 하늘이 못지않게 꽤 빠듯하다.

가끔 학원 선생님과 면담해 보면 하늘이는 아빠를 닮은 시간 개념으로 늘 일찍 학원에 도착해서 웃는 얼굴로 인사하고 성실하게 공부하는 모범생이라고 한다. 학교와 학원 생활을 모두 행복하게 즐긴다고 하니 아빠로서 고마운 마음이 든다. 사교육에 대해 부모로서 고민되는 부분도 많지만, 결국 제일 중요한 건 아이가 만족하고 행복하게 생활할 수 있느냐는 점이 아닐까?

아빠의 하루도 아이의 스케줄에 맞춰 돌아가다 보니 리징은 어느새 친구를 만난 지도 2년은 됐다. 체력 관리를 위해 365일 중에 320일은 헬스장에 가고, 최근 3, 4년은 술도 입에 대지 않았다. 힘들기도 하지만 아이를 위해 할 수 있는 게 있어서 행복한 마음이 더 크다. 중국에서 부모는 아이를 위해 살아야 한다고 배웠다. 리징이 결혼하고 아이까지 낳은 지금도 명절이 되면 부모님이 용돈을 보내 주신다. 커다란 내리사랑 속에서 자랐기 때문에 리징 자신도 하늘이에게 좋은 아빠가 될 수 있도록, 할 수 있는 한 든든하게 지지해 줄 생각이다.

물 건너온 팁 ✄

알베르토 사교육을 많이 받으면 하루 종일 정해져 있는 스케줄대로 움직이다 보니 지루해질 틈이 없다. 그런데 일상 속에서 지루하고 심심할 틈이 있어야 좋아하는 걸 발견할 수 있지 않을까?

이탈리아에서는 고등학교 수업이 오전 8시에 시작해서 낮 12시면 끝난다. 12시 15분이면 집에 와서 그때부터 게임, 축구, 낚시 등을 하면서 친구들과 놀았다. 그렇다고 해서 뒤떨어진다고 생각하지는 않는다. 노벨물리학상을 수상한 이탈리아인도 고등학교 시절까지 그렇게 놀면서 지냈을 것이다.

놀면서 배우는 것도 있는 만큼 굳이 하루 종일 사교육을 받는 것보다는 예체능 정도만 배우면 되지 않을까 싶다. 아들 레오는 일주일에 한 번씩 피아노, 축구, 수영을 가고 있다. 나는 두 번씩 보내고 싶은데, 와이프가 친구랑 노는 시간도 있어야 한다고 해서 한 번씩만 보낸다.

쟈오리징　이탈리아처럼 모두 사교육을 안 하는 분위기라면 사교육을 안 시켜도 될 것이다. 중국도 학원이 많이 없고, 훌륭한 선생님들은 모두 학교에 계신다. 하지만 교육열은 한국만큼 높은 편이다. 중국은 땅이 넓어서 기숙 학교가 많다. 토요일 밤에 집에 돌아와서 쉬고 일요일 오후에 다시 학교에 가는데, 집에 갈 땐 부모님 차들이 학교 앞에서 쭉 기다리고 있다. 중국에서는 예전부터 열심히 공부하면 출세한다고 생각해서 모든 지원을 100% 다 해 주며 열심히 공부를 시키는 분위기다.

페트리　핀란드에는 아예 학원 개념이 없다. 핀란드 교육 커리큘럼에서 신기한 점은 예술, 체육만 하지 않고 주제에 따라서 포괄적으로 배운다. 만약 주제가 '유럽'이면 그 수업 안에서 외국어, 수학, 역사, 예술 등을 한꺼번에 다 배우는 것이다. 구구단을 외워서 당장 시험을 보고 결과물이 나와야 한다는 식의 교육은 잘 하지 않는다. 이렇게 학교에서 배운 것들은 하교 후에 또 배울 필요가 없다고 생각한다.

머릿속에 지식만 가득 찬다고 해도 그 지식을 어떻게 써야 하는지 모를 수 있다. 그런데 자연 속에서 아이들끼리 놀면서 직접 규칙도 만들고 새로운 경험을 하다 보면 자연스레 응용력이나 창의력을 배우게 된다.

니하트 나라마다 문화가 다르겠지만 아제르바이잔에서는 학교 교육만으로는 부족하다. 아제르바이잔에도 한국의 수능 같은 중요한 시험이 있기 때문에, 초중고 12년 중에서 마지막 3년은 무조건 사교육을 받아야 한다고 생각하는 분위기다. 한국처럼 과외를 하는 문화도 있다.

투물 인도에서는 구구단을 29단까지 외우는 게 사실이냐고 많이들 묻는데, 사교육이 아니라 그냥 모두들 자연스럽게 습득한다. 누나가 학교에 가면 손 잡고 따라가서, 학비를 내지 않고 그냥 옆자리에 앉아 듣고 배우는 것이다. 그게 자연스러운 선행 학습이다. 나도 딸 다나에게는 영어 정도만 가르쳐야 한다고 생각하고 있다.

앤디 사실 와이프가 학원 원장님이라, 언젠가는 라일라가 직접 "공부할래요"라는 말을 했으면 좋겠다는 바람이 있는 것 같다. 하지만 지금 생각으로는 라일라가 다니고 싶은 학원 딱 하나만 보내고 싶고, 스포츠 학원을 다니면 좋겠다는 생각이다.

아빠 육아 실천하기

다문화 가정에서 성공적인 육아란 서로의 차이를 인정하고 존중하는 데서 시작된다. 아빠와 엄마의 육아 방식이 다르다고 해서 갈등할 필요는 없다. 오히려 이 다름을 아이의 성장에 긍정적인 자원으로 활용할 수 있다.

먼저 서로의 육아 철학에 대해 진솔하게 대화하는 시간을 가져 보자. 아이의 자율성을 중요하게 여기는 문화와 세심한 돌봄을 강조하는 문화가 충돌한다면, 이 차이를 서로 비난하기보다는 이해하려 노력하는 게 중요하다. '어느 쪽이 옳다'는 판단을 내리려고 하지 말고, 아이에게 어떤 영향을 줄지를 함께 고민하는 방향으로 풀어 나가야 한다. 육아는 혼자 하는 것이 아니라 파트너와 함께 해 나가는 여정이다. 정기적으로 아이의 발달 상황과 각자의 육아 접근법에 대해 허심탄회하게 이야기를 나누어 보자. 때로는 서로의 방식을 조금씩 배우고 섞어 쓰며 더 풍부한 육아가 가능해질 것이다.

실제 육아 현장에서는 유연성이 중요한 요소이다. 아빠의 자율적인 접근과 엄마의 세심한 돌봄이 적절히 조화를 이루도록 노력하자. 반대로, 아빠가 세심한 돌봄을 담당하고, 엄마가 모험심을 길러 주는 역할을 맡을 수도 있다. 중요한 것은 고정된 역할을 강요하지 않고, 아이의 필요에 따라 자연스럽게 조화를 이루는 것이다. 다문화 가정에서의 육아는 서로 다른 두 개의 세계를 조화롭게 엮는 과정이다. 서로의 차이를 단점이 아니라 아이에게 더 넓은 시야를 제공하는 장점으로 바라볼 때, 가장 이상적인 육아 환경이 만들어질 것이다.

2장 교육

아빠	피터(영국)
아이	엘리(11살), 지오(8살)

아빠의 모국어, 영어 조기 교육은 어떻게 해야 할까?

아이의 영어 공부로 고민인 건 한국의 부모들만이 아니다. 영국 아빠 피터도 아들 지오와 딸 엘리가 좀 더 즐겁고 친숙하게 영어를 접하게 하는 방법에 대해 꾸준히 고민 중이다. 피터는 한국인 어머니와 영국인 아버지 사이에서 태어났고, 아이들도 어릴 때는 영국에서 태어나 살았다. 덕분에 영화 〈스파이더맨〉을 자막 없이 볼 정도로 영어에 익숙하긴 하지만 이제는 한국에서 지내다 보니 점점 영어를 쓸 일이 줄어들고 있다. 아무래도 쓰지 않으면 잊히기 마련이라 꾸준히 접하게 해 주고 싶은데, 영어가 모국어인 아빠도 아이들에게 영어 공부를 가르치는 게 쉽지는 않다.

∿∿∿∿∿

한국에 살고 있는 외국인 아빠 중에는 집에서만큼은 꼭 아이들과 모국어로 대화하는 경우가 많다. 아이들은 한국에서 자라면서 자연스럽게 한국어를 배우는 동시에 아빠와의 대화를 통해서 아빠의 모국어에도 익숙해진다. 두 언어를 동시에 배우게 되어 혹 이중 언어가 혼란스러울까 봐 걱정하는 부모도 있지만, 아이들은 점차 두 언어를 구별하면서 상황에 맞게 사용할 수 있게 된다.

어릴 때부터 아빠의 모국어를 배우는 것은 조기에 외국어를 습득할 수 있다는 장점도 있지만, 또 한편으로는 아빠의 모국어를 통해 아빠의 정체성과 연결되는 중요한 의미도 갖는다. 그래서 피터도 적어도 집에서만큼은 아이들과 꼭 영어로 대화를 하려고 한다. 아이들과 자연스럽게 영국 문화를 공유하고 싶기도 하고, 또 아이들이 어릴 때 영국에서 사용했던 영어를 잊지 않길 바라는 마음도 있다.

영어는 국제 언어로서 전 세계에서 널리 사용된다. 또한 한국에서는 대학 진학을 위해 수능을 치러야 하므로, 현실적으로 공부에 뒤처지지 않기 위해 영어 실력이 반드시 필요하다. 한국의 영어 공교육은 초등학교 3학년 때부터 시작되는데 대부분의 아이들이 그보다 2~3년은 앞서 있다 보니 사교육을 받을 수 밖에 없다. 주변에도 영어를 배우러 학원에 다니는 또래 아이들이 대부분이다. 그렇다고 억지로 영어를 학습시키는 것이 스트레스가 될 수도 있다 보니, 외국인 아빠인데도 아이의 영어 조기 교육에 대해서 고민되는 부분이 많다.

지오와 엘리는 현재 영국 문화원에 다니면서 영어를 접하고 있다. 영국 문화원은 영국 선생님들이 체험 위주의 수업으로 진행하며 영어와 영국 문화를 가르쳐 주는 곳이다. 시험은 아예 보지 않고, 게임도 하고 영상도 보며 재미있게 영어를 배운다. 입시 위주의 한국식 영어 학원보다는 느리지만 영어를 흥미롭게 접했으면 해서 문화원을 선택했다. 다른 아이들은 모두 한국인이지만 문제집도 안 풀고 시험도 없으니 결국 그만두고 학원으로 이동하는 경우도 많았다.

지금도 지오와 엘리는 아빠의 영어를 대부분 알아듣기는 하지만, 대답은 거의 한국말로 한다. 엘리는 오히려 아빠에게 한국말을 쓰라고 잔소리를 할 때도 있다. 주변에서 아빠 외에는 모두 한국말을 쓰다 보니 한국말이 더 익숙하고 편하다는 사실은 이해하지만, 결국 '말하기'를 자주 하지 않으면 영어를 금방 잊어버리게 될까 봐 걱정이다.

아빠는 아이들이 자연스레 영어를 쓸 수 있도록 일주일에 한 번이라도 아빠와 영어로만 대화하는 '영어 데이'를 제안해 보기도 한다. 영어만 쓰는 것이 아니라 좋아할 만한 놀이를 하거나 다양한 영상을 함께 보면서 '영어 데이'를 즐길 수 있도록 하면 조금 더 영어가 친숙해지지 않을까? 아빠의 가족을 만나러 영국에 가거나 영상 통화를 하며 자주 교류하기 위해서라도 영어는 꼭 필요한 부분이다.

영어 조기 교육이 꼭 필요할지는 아이의 성향이나 교육의 목표 등에 따라 달라질 수 있지만, 아이들이 스스로 필요성을 느끼고 재미있게 배워가는 환경을 만드는 것이 가장 중요하다. 어릴 때 시작할수록 새로운 언어에 쉽게 익숙해지는 만큼 추후 글로벌 시장에서 경쟁력을 높일 수 있겠지만 무리하거나 강압적인 방식은 도리어 흥미를 잃게 할 수 있다. 영어를 통해 단순히 언어 능력을 높이는 데 집중하기보다 언어를 통해 다른 문화와 사고방식을 자연스럽게 접하는 과정이라고 생각하는 것도 좋은 관점이다.

물 건너온 팁✍

니하트 영어는 국제 언어이기도 하니까 어릴 때부터 배우면 빠르고 자연스럽게 습득할 수 있는 장점이 있다고 생각한다. 나린이는 아기 때 밥 먹으면서 보던 유튜브 키즈 콘텐츠로 영어를 쉽게 배웠다. 심지어 요즘에는 어린이집 선생님들이 나린이에게 영어를 배운다는 말도 하신다.

알베르토 주변에서 영어 유치원에 안 보내느냐고 자주 묻는데, 나는 아이들을 영어 유치원에 보낼 생각은 없다. 이미 집에서 한국어와 이탈리아어를 하고 있는데 영어까지 배우면 너무 힘들 것 같아서, 영어 조기 교육은 따로 시키지 않으려고 한다.

리징 내가 수출 관련 일을 하다 보니 영어의 필요성을 정말 많이 느낀다. 그래서 영어 교육은 꼭 필요하다고 생각한다. 하늘이는 지금 영어 학원에 다니고 있고, 집에서도 아내가 영어 공부를 봐주면서 꾸준히 가르치고 있다. 장인어른도 한자와 영어 공부는 필수라면서 하늘이에게 영어책을 많이 사 주신다.

투물 인도의 국립학교에서는 영어를 가르치지 않는 곳도 많다. 인도는 언어가 아주 많아서 남인도에 가면 북인도에서 쓰는 말이 안 통할 정도라 영어까지 가르치기는 어렵다. 오히려 인도는 영어보다는 수학 교육에 엄청나게 발달되어 있어서, 인도 사람들은 계산기보다 계산이 빠르다.

나도 영어를 아주 잘하지는 못한다. 학교 다닐 때는 잘했는데 한국에서 한국어를 하면서 많이 잊어버렸다. 그래도 한국말을 잘하니까 영어를 못해도 한국에서 사는 데는 전혀 지장이 없다. 다나가 영어를 배우고 싶다고 하면 가르치겠지만, 억지로 가르칠 생각은 없다. 나중에 영어로 말해야 할 상황이 생기면 통역사를 부르거나 AI로 번역해도 된다.

페트리 미꼬도 어릴 때부터 언어를 빨리 익혔는데, 두 가지 언어를 조금씩 하는 것보단 한 가지 언어가 먼저 뛰어나야 한다고 생각해서 난 한국어를 우선으로 가르치고 있다. 집에서도 미꼬에게 한국말로 이야기한다.

아빠 육아 실천하기

한국의 교육 시스템은 마치 치열한 마라톤과도 같다. 치열한 학업 경쟁 속에서 아이의 행복과 성장을 동시에 지켜 내는 것은 쉽지 않은 과제다. 다문화 가정의 부모로서 이 복잡한 교육 환경을 이해하고 아이에게 최선의 교육 경험을 제공하기 위해서는 끊임없는 관심과 노력이 필요하다.

특히나 한국의 학원, 과외, 경쟁적인 입시 문화는 때로는 아이의 창의성과 개성을 억누를 수 있다는 우려가 들게 할 수 있다. 하지만 이 시스템을 단순히 부정적으로만 볼 것이 아니라, 아이의 잠재력을 발견하고 지원하는 기회로 바라보는 지혜가 필요하다.

한편 아이의 정서적 건강과 개인적 관심사도 동등하게 중요하다. 따라서 공부만 강요하는 것이 아니라, 아이가 학습 과정에서 스스로 동기 부여를 느낄 수 있도록 하는 환경을 만들어야 한다. 부모가 아이와 꾸준히 대화하며 학교생활, 학업 스트레스, 개인적인 고민을 나누는 것이 핵심이다. 예를 들어, 매일 짧은 시간이라도 "오늘 학교에서 가장 재밌었던 일이 뭐야?", "어려웠던 부분은 뭐였어?" 같은 대화를 통해 아이의 학습 경험을 공유하는 것이 좋다. 이런 과정이 쌓이면, 아이는 부모를 신뢰할 것이며 자신의 학습 스타일과 목표를 주도적으로 찾는 힘이 생길 것이다.

마지막으로 아이가 좋아하는 분야를 깊이 탐구하는 기회를 마련하는 것도 중요하다. 한국 교육 시스템이 시험 위주로 돌아간다고 해도, 아이가 관심 있는 주제에 대해 스스로 연구하고 탐구할 수 있는 시간을 만들어 주는 것이 장기적으로 학습 동기를 높이는 데 도움이 된다.

아빠	데니스(캐나다)
아이	브룩(9살), 그레이스(9살)

창의력을 키우는 독서 교육은 어떻게 하면 효과적일까?

캐나다는 OECD 국가 중에서 가장 많은 예산을 교육에 투자할 만큼 공교육에 공을 들이는 나라다. 많은 부모님이 자녀를 유학 보내고 싶어 하는 나라이기도 하다. 캐나다에서는 선생님이 되려면 엄격한 기준에 부합해야 하고, 교실에서는 암기보다 지식과 정보의 활용에 집중하는 교육을 한다. 한국에서 국제학교의 교감 선생님으로 재직 중인 캐나다 아빠 데니스의 독서 교육법은 어떨까?

〰〰〰

독서 습관은 아이의 상상력과 사고력을 키우는 큰 동력이자 풍요로운 정서 발달과 성장을 위한 소중한 도구가 되기도 한다. 많은 부모가 아이에게 독서 습관을 길러 주고 싶어 하지만, 스마트폰에 영상 콘텐츠가 넘쳐나는 시대에 책을 꾸준히 읽고 집중하는 습관을 만드는 게 쉬운 일은 아니다. 아이가 독서의 즐거움을 느낄 수 있도록 하려면 어릴 때 부모가 좋은 롤모델이 되어 주는 동시에 함께 책을 읽으며 흥미를 끌어올려 주는 것이 좋다.

캐나다에서 온 데니스 아빠의 독서법에는 열정과 에너지가 가득하다. 9살 쌍둥이 자매인 브룩과 그레이스는 아침을 먹자마자 《해리포터》를 읽어 달라며 초롱초롱한 눈빛으로 아빠 옆에 모여들었다. 책을 읽기 전에 방에서 마법사 망토를 두르고 나오는 것도 잊지 않는다. 두 아이가 《해리포터》를 좋아해서 어찌나 많이 읽었는지 책 표지가 너덜너덜하다.

데니스는 캐릭터마다 실감 나는 연기에 효과음까지 내며 책을 읽어 주기 시작하고, 적절한 타이밍에 아이들에게 질문도 던지면서 몰입도를 높인다. 간혹 아이들에게 책을 심심하게 읽어 줘야 독서 독립을 빨리 이룰 수 있다는 의견도 있지만, 데니스처럼 등장인물의 목소리를 바꿔 가며 최대한 재미있게 읽어 주면 아이가 책에 대한 흥미를 느끼고 꾸준히 접하는 데 훨씬 도움이 된다.

또 꼭 다양한 책을 읽지 않더라도, 같은 책을 여러 번 읽는 것도 충분히 긍정적인 측면이 많다. 한 번 읽을 때 놓쳤던 디테일을 파악하면서 문장의 의미를 더욱 깊이 있게 이해할 수 있고, 이미 알고 있는 이야기를 다시 읽으며 안정감과 자신감을 느끼기 때문이다. 또 이 책에 대해서는 모르는 게 없다는 일종의 성취감을 얻기도 한다.

데니스는 한창 책을 읽던 중 "해리포터 놀이를 하고 싶어!"라는 아이의 말에 바로 "좋은 생각이야!" 하며 책을 덮고 즉시 놀이 모드로 전환한다. 보통의 부모들이 '이 책만 다 읽고 나서 하자'거나 최소한 '이 챕터까지만 다 읽자'고 달래는 경우가 많은데, 전문가들은 책을 읽던 도중이라도 아이가 원할 때 즉시 멈추는 것을 권장한다. 독서의 즐거움을 배우는 건 나이가 어릴수록 중요한데, 원할 때 미련 없이 놀아 주며 부정적인 감정을 남기지 않는 게 오히려 더 효과적이기 때문이다.

아빠는 두 아이의 방을 각각 〈해리포터〉에 나오는 그리핀도르와 래번클로 기숙사로 정하고, 마법 모자에 빙의하여 기숙사부터 배정해 준다. 다음으로는 자연스럽게 마법 수업의 교수님이 되고, 마지막에는 학교를 찾아온 악당 역할까지 목소리까지 바꾸며 열연하다 보니 어느새 땀이 송글송글 맺혔다. 체력적으로 힘든 부분도 있지만 데니스는 아이들이 좋아하는 모습을 보면 오히려 기운이 생기고 힐링이 된다. 아이들과의 놀이에 열심히 임하지 않으면 오히려 미안한 마음이 들어서 항상 100%의 에너지와 텐션을 보여 주려고 하는 아빠다.

데니스는 평소에 아이들에게 하루에 한 시간은 꼭 책을 읽어 주려고 한다. 아이들은 자기가 좋아하는 책을 아빠가 읽어 주면 옆에 앉아서 무서운 속도로 집중하고 듣는다. 그러다 뒷이야기가 궁금하면 스스로 찾아서 더 읽기도 한다. 책을 읽어 주는 것으로 끝나면 듣고 나서 내용을 잊어버리기 쉬운데, 책에 나오는 내용으로 연극까지 연계해서 놀고 나면 훨씬 기억에 오래 남는다. 더 어릴 때는 엔칸토라는 동화를 읽어 주고 그 내용으로 연극 놀이를 했는데 지금도 아이들이 그 책 이야기를 한다. 놀이를 하는 것까지가 독서 교육의 연장인 셈이다.

아이들은 책을 통해 세상에 대한 호기심을 키우고 새로운 관점을 확장해 간다. 부모가 적극적으로 독서를 함께하며 책의 즐거움을 알려 주는 것은 중요한 교육이기도 하지만, 부모와 정서적 유대감을 높이는 소중한 추억이 되기도 할 것이다.

물 건너온 팁

알베르토　우리 집은 독서 교육을 따로 정해 놓고고 하지는 않지만, 자기 전에 아이들과 책 한 권씩을 꼭 같이 읽는다. 책도 책장에 따로 정리하지 않고 여기저기 놔둘 때가 많아서, 아이들이 놀다가도 자연스럽게 책을 펼치고 흥미를 느끼게 되는 것 같다. 그래서 아라는 책을 읽을 줄 모르는데도 책을 펼치고 혼자 막 이야기를 해 주기도 한다.

피터 나도 지금까지 아이들이 잠자기 전에 같이 책 읽는 시간을 가지려고 노력한다. 지오는 고학년이다 보니 좀 더 전문적인 교육을 위해서 친구 세 명이랑 논술 수업도 받고 있다. 집에서는 독서 시간에 따라 아이들에게 보상으로 스크린 타임을 주기도 한다.

미노리(일본) 우리 집에서는 엄마가 매일매일 자기 전에 리온이에게 다양한 종류의 책을 한 권 이상씩 꼭 읽어 주고 있다. 개인적인 생각이지만 한편으로는 앞으로 리온이가 살아갈 시대에는 책을 꼭 다 읽지 않아도 될 것 같다. 스마트폰을 이용해 자기가 얻고 싶은 정보를 효율적으로 배우는 것도 좋은 방법이 될 것이다.

아빠 육아 실천하기

아이의 호기심을 자극하는 독서는 강요가 아닌 즐거움으로 시작해야 한다. 책을 무기처럼 생각하지 말고, 함께 탐험할 보물 지도로 여겨야 한다. 아이의 관심사와 연령에 맞는 책을 선택하고, 책을 읽으면서 자연스럽게 대화를 나누는 것이 중요하다. 때로는 책의 내용에 대해 질문하고, 때로는 아이의 상상력을 자극하는 대화를 이어 가며 독서의 재미를 알려 줄 수 있다.

독서는 감정을 나누는 소중한 통로이기도 하다. 책 속 등장인물의 감정에 공감하고, 그들의 경험을 함께 이야기하면서 아이의 정서적 지능을 높일 수 있다. 부모와 아이가 함께 책을 읽으며 나누는 대화는 언어 능력 발달은 물론 서로에 대한 이해와 신뢰를 깊게 만든다. 부모가 아이와 함께하는 독서 시간은 단순한 교육을 넘어 평생 간직할 소중한 추억을 만드는 과정이기도 하다.

독서 공간을 특별하고 편안하게 만드는 것도 중요하다. 조용하고 아늑한 공간에서 책을 읽으며 아이에게 독서의 안전하고 편안한 이미지를 심어 줄 수 있다. 때로는 침대에서, 때로는 소파에서, 때로는 공원에서 함께 책을 읽으며 독서를 일상의 즐거운 활동으로 만들어 가자.

결국, 독서는 '어떻게 읽느냐'가 중요하다. 부모가 함께 즐거운 독서 경험을 만들어 갈 때, 아이는 평생 책과 친한 사람으로 자라날 것이다. 책을 통해 아이와 더 깊이 연결되고, 더 넓은 세상을 함께 탐험해 보자.

아빠	피터(네덜란드)
아이	지오(11살), 엘리(8살)

직접 박물관에 가는 역사 체험 학습은 어떨까?

엘리는 최근에 이순신 장군에 대한 책을 읽고 궁금한 게 많아졌다. 평소에도 아이들과 역사 관련 이야기를 많이 하는 편인데, 더 흥미롭게 체험하면 좋겠다는 생각에 아빠 피터가 함께 전쟁 기념관에 가 보자고 제안했다. 책으로 배우는 것도 좋지만, 역사적인 장소에서 직접 눈으로 보고 체험하면 책으로 읽었던 지식과 정보가 훨씬 생생한 경험으로 다가오게 된다. 역사 속 인물과 사건이 그저 문장으로 스쳐 가는 것이 아니라 과거에 실제로 있었던 일이자 실존했던 사람들의 기록이라는 사실을 자연스레 깨달을 수 있는 기회다.

∾∾∾∾∾

전쟁 박물관에서는 역사적 유물을 직접 관람할 수 있는 것뿐 아니라 이순신 장군에 대한 영상도 관람할 수 있다. 평소 관심사와 맞는 주제의 박물관이다 보니 지오와 엘리도 흥미롭게 눈을 반짝인다. 피터는 박물관을 둘러보면서 아이들에게 적극적으로 질문을 던진다. "전쟁은 왜 일어날까?", "이순신 장군은 외세의 침략에 어떻게 승리했을까?" 이처럼 집에서 일상적으로 하지 않는 대화도 박물관에서는 자연스럽게 하게 된다.

박물관에 가서 눈으로 보고 체험하는 활동 자체도 좋은 자극과 경험이 되지만, 이처럼 부모가 적극 동참하여 "왜?"라는 질문을 던지면 훨씬 풍부한 사고를 이끌어낼 수 있다. 거북선 모형을 보고 "왜 배를 거북이 모양으로 만들었을까?"라고 묻는다면, 거북선을 고안한 이순신 장군이 당시에 겪었던 고민이나 승리를 위한 전략을 고민해 보게 된다. 이를 통해 그 시대의 상황에 몰입하여 문제를 해결하기 위한 방법을 상상하고 비판적으로 사고하는 능력을 길러줄 수 있다. 단순히 강의처럼 정보를 전달받는 것이 아니라, 아이가 직접 생각하고 더 깊게 이해하는 데 큰 도움이 된다.

또한 이러한 질문은 꼭 정답을 유도하지 않아도 된다. 아이에게 질문을 하는 이유는 답을 맞히게 하려는 것보다 아이의 생각을 묻고 자유롭게 표현할 수 있는 기회를 준다는 데에 더 중요한 의미가 있다. 질문을 통해 아이가 다양한 상상력과 나름의 논리를 펼치는 과정에서 사고력과 창의력이 발달하게 된다. 또 엉뚱한 답변도 오히려 대화를 풍성하게 만들 수 있고, 틀린 답에 대해 다시 질문을 던지면서 스스로 올바른 방향을 찾도록 이끌어 주는 것도 좋은 교육이다.

피터 아빠는 전쟁 박물관의 기록을 함께 둘러보며, 과거에 영국도 일본처럼 식민지를 약탈했다는 과거에 대해서도 설명해 준다. 과거 영국이 인도를 침략하고 지배한 일에 대해서 과거의 잘못을 기억하고 또 인정해야 한다는 이야기로, 부끄러운 역사가 반복되면 안 된다는 사실을 알려 주는 것이다. 역사를 알고 반성할 줄 알아야 우리가 앞으로 더 나은 역사를 만들어 갈 수 있을 테니 말이다. 어린 나이부터 자신의 뿌리와 역사에 대해 이해하면서 시야가 넓어지고 또 생각이 깊어질 수 있다.

박물관 등의 체험학습을 통해 역사를 생생하게 접하다 보면 단순히 학습에 그치는 것이 아니라 좀 더 폭넓은 이해가 가능하고, 또 적극적인 질문과 참여를 통해 자신의 생각을 표현하는 연습도 해 볼 수 있다. 이런 경험은 책을 읽고 배우는 것보다 더욱 강렬한 경험과 기억으로 남게 될 것이다. 또 이러한 학습 경험이 아이에게 새로운 동기 부여가 되고 다른 주제나 관심사를 확장할 수 있는 가능성을 열어 주기도 한다.

박물관 등의 체험학습 장소에 다녀온 뒤에는 집에서 오늘 본 것에 대해 다시 대화를 나눠 보는 것도 좋다. 관련된 책을 다시 읽어 보거나, 박물관에서 본 것 중에서 기억에 남는 걸 그림으로 그려 보는 것도 창의력을 확장하는 유익한 활동이다. 또 재미있었던 걸 다시 떠올려 보면서 즐거운 기억이 남게 되고, 다음에 해 보고 싶은 활동에 대한 기대감도 높일 수 있다. 꼭 박물관에서 무엇을 배워야 한다는 접근보다는, 아이가 스스로 흥미를 느끼고 관심을 가질 수 있도록 부모가 여유로운 태도로 함께한다면 그 자체로 좋은 배움이 될 것이다.

물 건너온 팁

알베르토　레오도 이순신 장군을 좋아하는데, 통영으로 이순신 장군 투어를 다녀오고 나서 거북선을 봤다고 엄마와 친구들에게 엄청 자랑을 했다. 역사적인 장소나 박물관을 직접 가 보면서 아빠가 관련된 질문을 많이 던져 주면 더 큰 공부가 되는 것 같다. 질문도 알아야 할 수 있는 것이니만큼 아빠도 많은 준비가 필요하다. 그 과정에서 아빠도 공부가 되고 아이와 함께 성장할 수 있는 것 같다.

아빠 육아 실천하기

박물관은 교과서를 넘어선 살아있는 학습의 공간이다. 단순히 전시물을 바라보는 것을 넘어 아이와 함께 깊이 있는 대화를 나누며 역사를 느끼고 이해할 수 있다. 부모의 적극적인 참여와 질문은 아이의 호기심을 깨우고 더 풍성한 사고의 확장을 이끌어 낸다.

박물관에서의 학습은 시각적이고 촉각적인 경험을 통해 아이의 상상력을 자극한다. 전시된 유물을 보며 당시 사람들의 삶을 함께 상상해 보고, 그 시대의 사회와 문화를 이해하려 노력하는 과정이 중요하다. 부모는 단순한 설명자가 아니라 아이와 함께 호기심을 나누는 탐험가의 역할을 해야 한다.

핵심은 적극적인 대화와 참여. 전시물을 보며 아이에게 "왜 이렇게 만들었을까?", "당시 사람들은 어떤 생각을 했을까?" 같은 질문을 던지면 아이는 스스로 생각하고 상상하게 된다. 이런 과정을 통해 아이는 비판적 사고력과 창의적 문제 해결 능력을 키울 수 있다.

박물관 학습은 단순한 지식 습득을 넘어 아이의 세계관을 넓힌다. 역사적 맥락을 이해하고, 과거와 현재를 연결 지어 생각해 보는 능력은 평생의 지적 자산이 될 것이다. 부모와 함께하는 박물관 체험은 지식과 감성, 소통이 어우러지는 특별한 시간이 될 것이다.

아빠	니퍼트(미국)
아이	라온(6살), 라찬(5살)

아이가 부모의 직업을 갖고 싶어 한다면 어떨까?

외국인 투수 통산 최초 100승 기록에 빛나는 선수이자 KBO 레전드 40인에 선정된 미국 아빠 니퍼트는 현재 은퇴 후 야구 교실을 운영하고 있다. 아들 라온이와 라찬이는 야구 선수인 아빠를 자랑스러워하면서 처음 보는 사람들에게도 우리 아빠가 야구 선수라고 소개한다. 아빠를 보고 꿈을 키워 나중에 야구 선수가 되고 싶다고 하는데 아빠 입장에서는 운동선수로 성공하는 게 힘들다는 걸 누구보다 잘 아는 만큼 한편으로는 걱정스러운 마음도 든다. 아빠의 직업을 갖고 싶다는 아이를 적극 서포트해 주는 게 좋을까?

∿∿∿∿∿

6살 라온, 5살 라찬 형제의 아빠 니퍼트는 선수 생활 중에는 워낙 바쁘다 보니 아이들과 보낼 시간이 부족해 늘 미안한 마음이 컸다. 지금도 쉬는 날이 많지 않아 아이들과 함께하는 시간이 매 순간 소중하고, 그래서 더 행복한 추억으로 꽉꽉 채워 주려고 노력한다.

쉬는 날에는 아침에 일어나자마자 기운이 넘치는 두 아들을 번쩍 둘러업고 거실에서 공룡 사냥 놀이를 시작한다. 미국에는 농장이 있어서 실제로 사냥을 많이 즐겼는데 아이들도 체험해 보고 좋아해서 집에 장난감 총부터 사냥 조끼까지 풀세트가 갖춰져 있다. 경쟁하는 놀이를 하다 보면 아빠를 이기고 싶은 마음에 아이들이 떼를 쓸 때도 있어서 져 주는 것이 좋을지 원칙대로 하는 것이 좋을지가 많은 아빠들의 딜레마다. 하지만 니퍼트 아빠는 꼭 져 주는 것보다는 원칙을 가르쳐 주려고 한다.

야구를 할 때도 마찬가지다. 휴일에 아이들과 함께 야구 교실에 놀러 온 니퍼트 아빠는 어느새 사뭇 진지한 감독님 모드가 된다. 큰 소리로 숫자를 세면서 스트레칭부터 시작하고 달리기, 투구 연습, 베팅 연습까지 훈련인 듯 놀이인 듯한 시간을 보낸다. 말로 씨름하기보다는 행동으로 훈육하는 엄격한 감독님이지만 잘 안 되는 동작은 다시 도전할 수 있도록 격려해 주는 다정한 아빠이기도 하다. 함께하는 절대적인 시간이 길지는 않지만 함께 있는 시간에 최선을 다해 아이들에게 온전히 집중하는 시간을 보낸다.

어릴 때는 아이들이 야구를 잘 못한다고 속상해해서 옆에서 많이 응원도 해 줬다. 공을 던지기만 해도, 헛스윙을 해도 잘했다고 아낌 없이 칭찬해 주고 아이의 페이스에 맞게 진도를 나갔다. 그 덕분인지 아이들도 꾸준히 흥미를 잃지 않고 지금까지 아빠가 쉬는 날에는 꼭 야구를 같이 하고 싶어 한다.

아이들이 아빠와 함께 야구하는 걸 좋아하는 건 아빠로서도 행복한 일이고, 아빠를 따라 야구 선수가 된다는 것도 그야말로 멋진 일이라고 생각한다. 하지만 운동선수의 길이 힘들다는 걸 아는 부모의 입장에서 아이에게 그 길을 적극 추천하는 것도 고민되는 지점이다. 주변의 야구 선수들을 봐도 물론 아이가 원하면 지지해 주지만 아이에게 운동을 먼저 적극 권하지는 않는다.

사실 니퍼트도 아이들에게 제대로 야구를 가르친 적은 없었는데 오히려 아이들이 먼저 야구 선수가 되고 싶다고 해서 내심 놀라기도 했다. 아이들의 인생이기에 원한다면 기꺼이 도움을 주겠지만, '아빠가 선수니까 나도 한번 해 볼까?' 하는 마음으로 가볍게 시작하지는 않았으면 하는 바람이다.

물론 아이들이 부모의 직업을 따라 선택하고 싶은 마음은 부모와의 유대감에서 비롯된 표현일 수도 있다. 아이들이 크면서 좀 더 많은 직업을 접하고 다양한 경험을 한다면 꿈은 또

바뀔 수도 있을 것이다. 아이가 무슨 선택을 하든 부모는 아이의 선택을 지지하며 지켜보면 충분하다. 다만 그만큼 스스로 책임감을 가지고, 자신의 삶을 주도적으로 설계해 나가기를 응원할 뿐이다.

물 건너온 팁

피터 나는 아이에게 축구를 시키고 싶어서 어릴 때부터 영국에서 훈련을 하게 했는데, 오히려 거부감이 생겨서 지금은 축구에 전혀 관심이 없다. 아이들이 아빠처럼 야구에 관심이 많고 아빠의 직업을 갖고 싶어 한다는 건 부러운 일이다.

리징 실제로 나는 아버지가 하시는 수출업을 이어서 하고 있는데 내 적성에도 잘 맞아 큰 행운이라고 생각한다. 하지만 수출업은 세계 경제에 영향을 많이 받을 수밖에 없고 경제 불황에는 정말 힘든 업종이라 하늘이와 현우에게는 추천하고 싶지 않다. 그런 현실적인 어려움도 아이에게 솔직히 말해 줄 필요가 있는 것 같다.

이미 하늘이는 어릴 때부터 판사라는 꿈을 가지고 열심히 공부해 오고 있다. 아이가 자신의 꿈을 이뤘으면 좋겠다.

니하트   내 경우에는 아버지가 아제르바이잔에서 큰 무역상을 하셨다. 그대로 편하게 가업을 이을 수도 있었겠지만 부모님은 내가 더 큰 사람이 되어야 한다고 하셨다. 그래서 국가장학생으로 한국에 오게 됐고, 한국에 살면서 또 새로운 꿈을 갖게 됐다. 외국인 출신이지만 지금은 강남구청 최연소 센터장이 되었고, 매일 새로운 일에 도전하며 살고 있다. 우리 아이들도 그렇게 살아갔으면 한다.

앤디   아이에게 내 직업, 내 일을 가르치면 자연스럽게 함께 시간을 보낼 일이 많아진다. 나도 남아공에서 어린 시절에 아빠와 함께 소시지를 만들었고 지금은 남원에서 육포를 만들고 있다. 라일라가 조금 더 크면 아빠 일을 함께 하면서 가업도 이어받으면 좋겠다는 마음이 있다.

투물   아이가 나처럼 여행사를 운영하고 싶어 한다면 내 노하우를 적극 알려 주고 지지할 것 같다. 우리 집은 아내가 화가라서 집에서 그림 작업을 많이 하는데 다나가 엄마를 닮아서 그런지 그림 실력이 예술이다. 뭐든지 아이가 하고 싶다면 적극 밀어 줄 예정이다. 다만 직업과 사업은 좀 다르다고 본다. 사업은 자식에게 물려줄 수도 있지만 직업적 재능은 물려줄 수 없으니 아이가 원치 않는다면 강요할 수는 없다.

알베르토　이탈리아에는 '물고기의 자녀들은 수영을 잘한다.'라는 말이 있다. 아이들이 부모의 재능을 물려받는 것도 당연한 일이지만 분명한 건 자신의 꿈은 직접 찾아야 한다는 점이다. 나는 거쳐 온 직업이 많다. 축구선수, 주류업, 자동차회사, 지금은 방송도 하고 식당도 하고 있다. 아이들도 직접 다양한 경험을 통해 하고 싶은 일을 찾고, 자신의 꿈을 찾아갔으면 한다.

아빠 육아 실천하기

아이들은 부모의 삶을 가까이에서 보며 자연스럽게 동경하고, 그 속에서 자신의 꿈을 키운다. 아빠와 같은 길을 걷고 싶다는 아이의 말 뒤에는 단순한 직업적 희망이 아니라 아빠에 대한 존경, 자신만의 도전에 대한 설렘, 그리고 꿈을 향한 순수한 열망이 담겨 있을지도 모른다.

꿈을 존중하되, 현실적인 대화도 함께하자. 부모의 역할은 아이의 꿈을 무조건 밀어붙이거나, 반대로 단번에 좌절시키는 것이 아니다. 오히려 아이의 관심을 인정하고, 그 꿈을 어떻게 현실과 연결할 수 있을

지 함께 탐색하는 것이 중요하다. 아이가 왜 그 길을 가고 싶어 하는지 질문해 보자. 그 과정에서 아이의 내면에 숨겨진 열정과 가치를 발견할 수 있다.

이후 꿈의 실현 가능성에 대해 현실적인 대화를 나누되, 아이의 자존감을 해치지 않는 방식으로 접근해야 한다. 관련된 다양한 진로들을 함께 탐색해 보는 것도 좋다. 예를 들어 야구 선수 말고도 야구를 사랑하는 다양한 방식을 함께 고민해 볼 수 있다. 프로 선수가 아니더라도 코치, 스포츠 해설가, 스포츠 마케터 등 야구와 관련된 다양한 직업이 존재한다는 것을 알려 주는 것이다. 이렇게 다양한 가능성을 열어두면, 아이도 자연스럽게 자신의 꿈을 더 넓은 시야에서 바라볼 수 있다.

무엇보다 중요한 것은 아이의 꿈을 존중하고 지지하는 마음이다. 아이의 꿈을 지지한다는 것은 무조건 현실적인 성공을 보장해 주는 것이 아니라, 그 과정 속에서 아이의 열정과 노력을 인정해 주는 것이다. 꿈의 과정 자체가 아이의 성장에 더 큰 의미를 줄 수 있다. 부모가 끝까지 지켜 봐 주고, 응원해 주는 것만으로도 아이에게는 세상에서 가장 든든한 지원군이 생기는 셈이다.

3장

문화별 육아 차이

확장된 세계 속에서 성장하는 아이

아빠	투물(인도)
아이	다나(3살)

아빠의 모국 문화를 어떻게 알려 줄까?

외국인 부모로서 한국에서 아이를 키우다 보면, 아이에게 자신이 태어나고 자란 환경과 문화를 알려 주거나 경험하게 하는 일이 쉽지는 않다. 아빠가 어릴 때 좋아하던 놀이와 장난감, 특별한 기념일에 먹는 음식, 또 여러 가지 관습 등의 문화적인 요소가 한국에서 태어나고 자란 아이에게는 마냥 낯설게 느껴질 수 있다. 아이가 한국뿐 아니라 아빠의 모국 문화를 정체성의 일부로 이해하고 받아들일 수 있을까? 한 번도 가 보지 않은 아빠의 모국을 친숙하게 알려 주려면 어떻게 해야 할까?

∾∾∾∾∾

한국에서 여행사를 운영하고 있는 투물은 딸 다나가 태어나고 나서 한 번도 인도에 방문하지 못했다. 아이가 생겼을 때 코로나19로 하늘길이 폐쇄되며 가뜩이나 먼 고향이 더욱 멀어졌던 것이다. 이제는 머지않아 다나와 함께 인도 가족과 친척들을 만나러 갈 생각을 하고 있는데, 다나가 태어나서 처음 가 보는 인도가 마냥 낯설기만 할까 봐 내심 염려가 된다. 자주 방문했다면 가족들과도 자연스럽게 친숙해졌을 텐데 상황이 이렇다 보니 간접적으로나마 미리 인도 문화를 알려 주고 싶은 마음이다.

아직 3살인 다나는 인도 문화에 별 관심이 없지만 투물은 일부러 신나는 인도 음악을 틀어 아침을 시작한다. 또 아직 잠에서 덜 깬 다나를 소파에 앉혀 두피에 오일 마사지를 해 주는 것이 아빠의 루틴이다.

인도에서는 코코넛 오일이나 유채 오일을 두피 영양제처럼 생각해서 어릴 때부터 머리에 마사지를 해 주는 문화가 있다. 인도의 대표적인 전통 문화 중 하나인 참피 마사지다. 하루에 서너 번씩 수시로 코코넛 오일을 발라 주면 머리카락 색깔도 더 진해지고 머리카락이 튼튼해져서 숱도 많아진다. 아기들에게는 두피뿐 아니라 전신 마사지도 필수로 여겨져서, 아기들만 마사지해 주는 마사지사까지 있을 정도다.

한국에서는 오일 마사지 후에 보통 머리를 감지만, 인도에서는 바로 씻으면 효과가 떨어지니 안 씻어도 괜찮다는 분위기다. 다만 집에서는 아내가 다나의 머리가 떡진 채 어린이집에 가는 걸 좋아하지 않아서 웬만하면 저녁에 마사지를 해 주려고 한다. 또 집에서 인도에서 즐겨 먹는 강황 죽과 프라이팬에 굽는 짜파티 등의 음식을 만들어 주기도 하면서 아빠가 살아온 고향의 일상 풍경을 조금씩이나마 접하게 해 주고 있다.

한국과 인도는 의외로 비슷한 문화도 있지만 굉장히 다른 문화도 많다. 더운 나라이다 보니 음식을 짜고 달게 먹는 편이라 한국인과는 입맛부터 다르다. 부부 사이에도 이해하기 어려운 부분들이 생기기 마련이기 때문에 서로 다른 언어와 문화, 가치관을 이해하고 존중하기 위해 노력하고 있다. 다나도 어릴 때부터 인도 문화에 친숙해지지 않으면 커서는 인도 문화가 더 멀고 낯설게만 느껴지지 않을까?

무엇보다 다나에게 인도가 아직 한 번도 가 보지 않은 낯선 나라이다. 그런 이미지로 남아 있다 보니 영상 통화로나마 간간이 만나는 인도 할머니를 보고도 낯설어 울음을 터트리기도 한다. 그런 반응을 보면 할머니도 내심 서운하고 아빠 마음도 속상할 수밖에 없다.

아직은 어색하지만 인도 문화는 다나의 정체성을 이루는 뿌리 중 하나다. 그리고 다문화 가정의 아이는 부모 양쪽의 문화를 균형 있게 경험할 때 더 높은 자존감과 정체성을 형성할 수 있다. 인도 문화를 일부러 공부하지는 않더라도 자연스럽게 음악과 춤, 먹거리 등을 접하다 보면 아빠의 모국 문화를 이해하는 첫걸음이 되지 않을까?

인도 사람들은 항상 여유가 넘치고 흥을 가지고 있다. 그건 아빠가 다나에게 꼭 물려주고 싶은 자산이기도 하다. 다나가 한국과 인도의 문화를 접하며 자신만의 세계를 구축하고 더 넓은 시각으로 세상을 바라볼 수 있기를 바라고 있기 때문이다. 이를 통해 아이가 자신의 뿌리에 대한 자부심을 느끼며, 보다 자신감 있고 당당하게 세상을 살아가는 힘을 갖게 될 것이라고 믿는다.

물 건너온 팁

알베르토 외국인 아빠라면 한 번쯤 고민해 봤을 문제다. 나는 집에서 아들 레오와 이탈리아어를 사용해서 대화한다. 투물도 집에서는 다나와 인도어를 사용하면 어떨까?

피터 나는 아버지가 영국인이고 어머니가 한국인이다. 영국에 살았지만 매년 어머니가 한국에 나를 데리고 갔기 때문에 한국 문화에 자연스럽게 익숙해졌다. 다나도 아빠와 함께 인도에 다녀오고 나면 인도 문화를 훨씬 친숙하게 느낄 수 있을 것이라고 생각한다.

니하트 유튜브로 인도 영상을 자주 보여 주는 것도 방법일 것이다. 다만 나도 아빠의 모국 문화를 알려 주고 싶지만 억지로 가르치거나 강요하지는 않으려고 한다. 아이들이 현재 살아가는 곳은 한국이기 때문에 한국 문화를 아는 것이 더 중요할 수 있다.

켈리 우리는 미국에 계신 할머니가 크리스마스, 추수감사절, 핼러윈처럼 미국의 명절이나 이벤트에 맞는 선물을 보내주신다. 한국에서 지내다 보면 아무래도 미국 문화를 잊을 수 있는데, 아빠가 어렸을 때 경험했던 미국의 문화를 아이들에게도 경험시켜 주는 것은 의미가 클 것이다.

아빠 육아 실천하기

아이의 에너지를 자연 속에서 발산하게 하자. 예를 들어, 공원이나 산책로에서 걷거나, 숲속에서 곤충을 관찰하고 나뭇잎을 줍는 활동을 통해 아이는 충분히 움직이며 탐색하는 시간을 가질 수 있다. 같이 놀아 주는 것에 비해 부모의 힘도 덜 들어간다. 아이가 스스로 뛰놀 수 있는 환경을 제공하면 부모는 잠시 휴식을 취하며 아이를 지켜볼 수도 있다.

부모의 체력 관리는 곧 아이와의 시간 관리이다. 짧은 산책이나 간단한 스트레칭만으로도 체력 저하를 막을 수 있으니, 아이와 함께하는 시간을 오래 지속하고 싶다면 부모 자신의 건강도 신경 써야 한다.

유독 체력이 한정적인 부모라면 하루 종일 아이와 놀아 주는 대신 짧고 밀도 높은 놀이 시간을 만드는 것이 효과적이다. 아이가 좋아하는 놀이를 정해진 시간 동안 전적으로 집중해서 함께해 주는 것이다. 이때 스마트폰을 멀리하고 아이에게 온전히 집중하는 것이 중요하다. 단 10~15분이라도 아이와 눈을 맞추며 놀이에 몰입하자.

단, 무조건 신체적으로 놀아 줄 필요는 없다. 아이와 함께 쉬는 시간을 즐기는 일도 필요하다. 예를 들어, 책을 읽어 주거나 그림을 함께 그리는 것은 부모의 체력이 덜 소모되면서도 아이와 교감할 수 있는 좋은 방법이다. "아빠도 조금 쉬었다가 다시 놀자."라고 솔직하게 이야기하고, 아이와 함께 쉬는 시간을 갖는 것도 가능하다.

3장 문화별 육아 차이

아빠	앤디(남아프리카공화국)
아이	라일라(3살)

아프리카처럼 자연 속에서 아이를 자유롭게 키울 순 없을까?

남아프리카공화국(남아공)에서 온 아빠, 앤디는 한국에서 원어민 교사로 일하며 남원으로 첫 발령을 받았다. 남원에서 지금의 아내를 만나고, 둘 다 도시 생활을 원치 않아 지리산 자락의 남원에 완전히 자리를 잡게 됐다. 어딘가 고향 남아공의 자연과도 닮은 듯해서 더 마음이 갔다. 남아공의 자연 속에서 뛰어놀며 자란 앤디는 딸 라일라도 자연을 즐기며 건강하게 자라길 바라는 마음이다. 하지만 아내나 주변 사람들은 너무 자유롭게 방목하듯이 키운다며 우려하기도 한다. 한국에서도 아프리카처럼 야생의 자연 속에서 자유롭게 아이를 풀어 두고 키울 수는 없을까?

~~~~~

　라일라네 가족이 사는 집은 그야말로 공기 좋고 녹음 가득한 '숲세권'이다. 집 밖으로 나가면 옥수수와 토마토를 키우는 텃밭이 있어서 아빠는 라일라와 산책하며 즉석에서 생옥수수를 따 준다. 옥수수 알을 아삭아삭 먹어 보며 자연스럽게 자연현장 체험을 할 수 있는 환경이다. 가까운 곳에 지리산 계곡이 있어 물놀이도 하러 가고, 가끔은 노을을 구경하며 논길 따라산책도 한다. 이때 앤디와 라일라는 보통 맨발이다. 신발을 벗고 뛰어노는 라일라의 발바닥은 흙이 잔뜩 묻기도 하고, 근처 농구장에서 놀다 초록색 물이 들기도 한다.

앤디는 아이들이 자연 속에서 어우러져 놀 수 있는 환경이 중요하다고 생각한다. 남아공에서는 원래 아이들이 대부분 맨발로 생활하고 초등학교에 들어갈 때까지는 아예 신발을 안 신는 경우가 많다. 맨발로 다니면 자연과 더 가깝게 생활할 수 있다는 생각에, 앤디도 웬만하면 라일라가 항상 신발을 벗고 놀 수 있게 해 준다.

옷에 흙이 묻어도 털어 주기보다는 오히려 흙을 만져도 된다고 알려 주고, 놀이를 하며 일부러 흙을 묻혀 주기도 한다. 라일라가 흙을 입에 넣어도 크게 걱정하지 않는다. 한번 경험해 봐야 흙은 먹는 게 아니라는 걸 스스로 깨닫고 앞으로는 같은 행동을 하지 않기 때문이다. 집에 들어갈 때는 자갈로 흙을 문질러서 씻는 방법도 가르쳐 준다.

남아공에서 어린 시절을 보낸 앤디는 오후 1시에 수업이 끝나면 그 후에는 자연 속에서 자유롭게 뛰어놀며 시간을 보냈다. 주로 크리켓을 하고 놀고, 주말에는 아버지와 함께 사냥을 가서 멧돼지를 잡고 때로는 낚시로 상어도 잡는 게 일상이었다. 그때 사냥 나가서 잡은 사슴으로 스테이크나 소시지 등을 만들면서 자연스럽게 육가공 기술을 익혔고, 지금은 그 기술로 남원에서 남아공식 육포와 소시지 만드는 일을 하고 있다.

지금까지는 온라인 판매를 하다가 지금은 오프라인 매장을 준비 중인데, 라일라를 데리고 출근한 앤디는 라일라에게도 임무를 준다. 아빠 옆에서 몸집만 한 잔디를 옮기고 삽으로 꼬물꼬물 흙도 파던 라일라는 아빠가 틀어 준 스프링클러로 실컷 물놀이도 한다. 물론 잔디를 심을 흙 위에 올라온 순간부터 신발은 벗어 던진 지 오래다.

물론 24개월밖에 안 된 라일라는 아빠와 잔디 심는 일을 함께하기엔 너무 어리다. 그러나 앤디는 자신의 어린 시절이 그랬듯 다양한 일을 체험하는 것도 아이에게 좋은 경험이 된다고 여긴다. 공부나 대학이 전부가 아니라, 여러 가지를 배우고 경험하는 게 아이에게 가장 좋은 자양분이 되지 않을까? 또 이렇게 어릴 때부터 일을 접해 보면 자신감이 생겨서 나중에 더 어려운 일도 잘 해내는 힘이 생길 것이라고 믿는다.

3장 문화별 육아 차이

하지만 앤디의 자연주의 육아 방식은 한국에서, 특히 도시에서는 보기 어렵다 보니 주변의 반응에서 문화 차이를 느낄 때가 많다. 선크림도 제대로 바르지 않고 신발도 없이 맨발로 놀게 하는 모습을 보면 이웃들도 걱정 어린 시선을 보낸다. 아빠에게는 아무것도 아닌 일상이지만 한국에서는 사뭇 위험해 보이는 것이다.

물론 남아공의 깨끗한 자연에 비해 한국에서 누릴 수 있는 자연은 제한적인 부분이 있다 보니 어쩔 수 없는 일이다. 하지만 도시에서 사는 아이들은 자유롭게 놀 수 있는 환경이 부족해 시간이 비면 금방 심심해하는 경향도 있다. 지루해서 집에서 TV나 유튜브를 보는 것보다는 자연 속에서 흙을 만지고 맨발로 땅을 밟으며 자라났으면 하는 것이 앤디의 바람이다.

물 건너온 팁 ✎

알베르토　나는 자연 방목 육아에 대찬성이다. 독일에서는 아이들이 맨발로 신체 활동을 했을 때 운동 기능이 얼마나 발달하는지에 대해서 연구한 자료가 있다. 맨발로 생활하는 남아공 아이들과 신발을 신고 생활하는 독일 아이들의 균형 감각, 달리기, 도약 능력을 비교했는데 남아공 아이들의 운동 능력이 훨씬 뛰어났다고 한다. 어릴 때 맨발 활동을 많이 할수록 운동을 잘하게 될 가능성이 높은 것이다.

이탈리아에서는 도심에 사는 아이들을 일부러 농장에 데려가 자연 체험을 시키기도 한다. 자연 속에서 뛰노는 것만큼 아이들에게 신체적, 정서적으로 좋은 활동이 없는 것 같다.

피터　영국, 미국, 캐나다 등에서는 일부러 아이들을 자연 속에 풀어 놓는다. 숲 유치원이 따로 있고, 초등학교 정규 수업 내에 숲 체험도 있다. 선생님들의 보호 아래 칼이나 불도 사용할 수 있게 한다.

영국 잡지인 〈내셔널 트러스트〉에서는 아이들이 자연에서 놀도록, 12살이 되기 전에 해 봐야 하는 '위험 부담 놀이'를 소개한 적이 있다. 아이 스스로 위험한 상황을 만들어서 모험을 즐기게 하는걸 위험 부담(risk-taking) 놀이라고 한다. 이를테면 나무 오르기, 커다란 언덕에서 굴러내리기, 비 맞으며 뛰어다니기, 개울에 둑 쌓기 등의 활동을 해 보는 것이다. 어떻게 보면 위험해 보일 수 있지만 도전하고 극복했을 때 성취감과 자신감을 가질 수 있다고 한다.

한국에서는 부모들이 아이가 뛰거나 나무에 오르면 위험할까 봐 걱정하며 일단 말리는 경우가 많다. 물론 아이의 안전은 중요하다. 그러나 부모가 과잉보호를 하면 자칫 아이가 스스로 관리하는 능력을 잃어버릴 수도 있다.

켈리 우리도 뒷산에 자주 놀러 간다. 아이들은 자연 속에서 놀면서 자연스럽게 배우고 성장한다고 생각하기 때문이다. 아이들이 노는 동안 일일이 제지하지 않고 나도 휴식을 취하면서 지켜본다. 나무에 오르고 떨어지기도 하면서 어떤 행동이 위험한지 스스로 느끼게 한다. 아이들이 직접 판단하는 능력을 기르고 독립심을 길러 줄 수 있는 과정이기도 하다.

아빠 육아 실천하기

아이에게는 자연 속에서 자유롭게 뛰노는 시간이 필요하다. 여유롭고 건강한 성장 환경을 제공할 수 있는 방법 중 하나이기 때문이다. 하지만 한국에서 자연주의 육아 방식을 실현하는 데는 현실적인 어려움이 따른다. 그럼에도 불구하고, 아이들이 자연과 접하는 기회를 만드는 방법은 분명히 존재한다.

예를 들어, 집에서 작은 텃밭을 가꾸거나 베란다에서 식물을 키우는 활동을 함께할 수 있다. 아이가 씨앗을 심고 물을 주며 식물이 자라는 과정을 직접 경험하게 하면 자연에 대한 이해와 책임감도 길러진다. '숲 유치원'이나 '자연 체험 학습' 같은 프로그램도 점차 확산되고 있다.

아이들이 신체적으로 더 자유롭게 활동할 수 있도록 모험할 기회를 주는 것도 중요하다. 나무 타기, 물놀이하기, 흙장난 같은 활동을 적극 권장하자. 적절한 위험을 감수하고 극복하는 경험은 아이의 독립성과 문제 해결 능력을 키워 준다. 예를 들어, 높은 곳에서 점프하는 놀이를 하거나, 바위 위를 올라가는 경험을 통해 아이는 자신의 신체적 한계를 시험해 보고 자신감을 키울 수 있다. 물론 누군가가 다칠 수 있는 위험한 행동은 하지 못하도록 부모가 알려 주고 지켜보는 일은 꼭 필요하다.

부모가 자연 속에서 함께 시간을 보내며 아이에게 모범을 보이는 것 또한 중요하다. 아이가 자연에서 노는 것을 단순한 놀이가 아니라, 가족이 함께하는 즐거운 시간으로 인식하게 만들자. 부모도 스마트폰을 내려놓고 아이와 함께 나뭇잎을 줍자. 꽃향기를 맡고, 모래성도 쌓아 보는 것이다. 적극적으로 자연을 즐기는 모습을 보이면, 아이도 자연을 더 친근하게 느낄 것이다.

곧, '완벽한 자연 환경'이 아니라, '자연을 대하는 태도'가 중요하다. 아이가 일상 속에서 자연과 접할 수 있는 기회를 꾸준히 제공하고, 직접 체험하며 배울 수 있도록 돕는다면, 한국에서도 충분히 자연 친화적인 육아를 실천할 수 있다. 아이들이 자연 속에서 놀고 체험하며 스스로 배우고 성장할 수 있는 기회를 마련해 주자.

아빠	올리버(미국)
아이	체리(18개월)

아이가 정체성을 고민하는 시기가 오면 어떻게 해야 할까?

이제 18개월이 된 체리는 미국인 아빠와 한국인 엄마 사이에서 태어났다. 이처럼 다문화 가정에서 태어나고 자란 아이는 보통 두 나라의 문화를 함께 경험하며 성장하게 된다. 가정에서 부모를 통해 세상의 다양성을 이해하고 서로 다른 가치관을 존중하는 태도를 자연스럽게 배울 수 있다. 하지만 성장 과정에서 언젠가는 자신이 속한 환경과 문화 차이를 겪으며 '나는 어느 나라 사람일까?' 하는 정체성 고민과 맞닥뜨리기 마련이다. 아이가 자신의 정체성을 나름대로 정의하며 자부심을 가질 수 있도록 도우려면 부모로서 어떻게 준비해야 할까?

∽∽∽∽∽

올리버 가족은 미국 텍사스에 살고 있다. 건축인 올리버의 아버지와 함께 일 년에 걸쳐 직접 지은 주택과 넓은 정원은 그야말로 미국 영화의 한 장면을 그대로 옮겨놓은 듯하다. 아내와 결혼한 후 적당한 집을 찾지 못하다가 결국 부모님 집 가까이에 살 집을 직접 짓기로 결정한 것이다. 비록 집을 마련하기까지 시간은 걸렸지만 마침내 체리가 사슴에게 먹이를 주고 반려견, 반려묘와 뛰놀 수 있는 멋진 집이 완성되었다.

체리가 아침부터 정원에 나가 반려견들과 노는 동안 올리버
는 부지런히 아침 준비를 시작한다. 메뉴는 시리얼과 베이컨
대신 제육볶음, 달걀말이, 김치까지 그야말로 한국의 보편적인
가정식이다. 식탁에 자주 한식이 오르기 때문에 부엌 한편에는
밥솥이 놓여 있고, 김치도 늘 한 통 이상 구비되어 있다. 11개
월 무렵부터 씻은 김치를 먹기 시작했던 체리는 고춧가루가
조금 들어간 제육볶음도 야무지게 먹는다.

올리버는 한국에서 지내는 동안 한식과 사랑에 빠졌다. 한식
요리를 잘하고 입맛에도 잘 맞는다고 느껴서 오히려 미국에서
는 외식을 잘 하지 않는 편이다. 대신 집에서 한식을 자주 만
들어 먹고, 주변의 외국인 가족들에게 맛있는 메뉴를 알려 주
며 추천하기도 한다. 덕분에 체리에게도 한식은 늘 식탁에 오
르는 익숙한 음식이다.

하지만 올리버 가족이 미국에서 살고 있고, 한식은 미국 문
화에 익숙한 음식이 아니기 때문에 사뭇 걱정되는 부분도 있
다. 미국에 사는 한국인들이 도시락으로 한식을 싸갔다가 뚜껑
을 열자마자 낯선 냄새로 놀림받는 경우가 종종 있다고 한다.
지금은 이렇게 익숙하게 먹는 한식이지만 '나중에 학교에 들어

가면 도시락 때문에 친구들에게 놀림받진 않을까?', 혹은 '주변에 백인 친구들이 많을 텐데, 서로 다른 피부색 때문에 정체성에 혼란이 오지는 않을까?' 하고 우려한다. 아이가 커서 집 밖에서 보내는 시간이 많아질수록 미국 문화를 많이 접하게 될 텐데, 그때 혹시 집에서 접했던 한국 음식이나 한국 문화가 잘못된 것이라고 느낄까 봐 걱정스러운 것이다.

아직 먼 미래의 이야기이긴 하지만 언젠가는 필연적으로 그 순간이 올 것이라고 생각하기에 부모로서 아이가 혼란스러울 때 어떻게 대처해야 할지 미리 고민하게 되는 건 어쩔 수 없다. 만약 아이가 한국 문화를 잘 모른다면, 소극적으로 대응할 수밖에 없어서 더욱 주눅이 들고 상처를 받을 수 있을 것이다.

중요한 건 서로 문화가 다르지만 어느 한쪽이 틀린 것이 아니라 그저 또 다른 하나의 문화일 뿐이라는 사실이다. 아이가 그걸 이해한다면 크게 혼란을 느끼지 않고도 자신 있게 자신의 정체성을 자신 있게 말할 수 있지 않을까?

텍사스에 살고 있지만 한식을 가까이하고 집에서는 한국어만 사용하는 이유도 그런 노력의 일환이다. 어떻게 보면 한국에서 거주하는 외국인 아빠들이 집에서는 모국어를 쓰려고 하는 모습과 일맥상통하는 부분이기도 하다.

집에서 5분 거리에 가까이 살고 있는 미국 할머니와 할아버지도 체리의 정체성을 잊지 않고 미국과 한국 두 나라의 문화를 적극 이해하기 위한 여러 노력에 동참하고 있다. 할머니는 며느리와 체리를 위해 한국어로 대화하고 싶어서 열심히 한국어를 공부한다. 최근에는 '냠냠'을 배웠다고 자랑하는 할머니의 집안 곳곳에는 한국어 메모가 가득하다.

미국에 거주하는 만큼 체리가 나중에 유치원에 들어가고 학교생활을 시작하면 한국어보다 영어를 더 많이 쓸 수밖에 없을 것이다. 하지만 미국에 살더라도 한국어는 꼭 배워야 한다고 생각하기에 지금이라도 한국어를 자연스럽게 접할 수 있게 해 주려고 한다. 무엇보다 체리 자신의 뿌리가 한국에도 있다는 사실을 잊지 않기를 바라는 마음이다.

가족들의 작은 노력이 언젠가 체리가 성장했을 때 두 나라의 문화를 모두 가치 있게 받아들이고 자신의 정체성을 형성하는 밑거름이 되지 않을까? 그 과정에서 자신이 두 세계와

이어진 더없이 특별한 사람이라는 걸 깨닫는다면 더할 나위 없을 것이다.

물 건너온 팁

알베르토 같은 상황에 처한 부모로서 공감할 수밖에 없는 고민이다. 우리 아이들이 자라면서 이국적인 외모나 문화 차이 때문에라도 언젠가 정체성에 대해 고민할 시기가 올 것이라고 생각한다. 다른 고민은 나도 어릴 때 겪어 봤던 것이라서 공감하고 같이 고민해 줄 수 있을 텐데, 이 고민은 나도 경험하지 못한 것이라서 100% 공감해 주기 어렵다. 그래서 걱정된다.

피터 나도 영국의 다문화 가정에서 자라면서 어려운 일이 많았다. 다르게 생겼다는 이유로 인종 차별을 당하기도 했다. 한국 문화를 잘 알고 있어도 인종 차별은 막무가내라 맞서기 어려웠다.

한국을 비롯해 세계적으로 다문화 가정이 많아지고 있으니 점점 익숙해질 것이라고 생각하지만, 아직은 '나만 다르다'는 사실이 힘들 수 있다. 대도시처럼 다문화가 익숙한 사람이 많은 장소에서 사는 것도 하나의 방법이라고 생각한다.

투물 누가 뭐라고 하든 내 나라의 문화는 소중하고 가치 있다. 아이가 내 나라의 문화를 싫어하거나 자신 없어 하면 나도 마음이 정말 힘들 것같다. 아이에게 떳떳하게 알려 줘야 아이도 친구들에게 당당하게 소개하고, 혹 오해받는 상황에서도 대응할 수 있지 않을까? 그래서 나는 아이가 '나는 한국 문화와 인도 문화 속에서 자란 아이구나'라는 걸 스스로 느낄 수 있게 만들어 주려고 노력한다. 집에서도 틈틈이 인도 문화를 접하게 해 주고 있지만, 조만간 다나를 데리고 인도에 가서 더 많은 걸 보여 주고 싶다.

앤디 라일라는 아빠를 닮아서 외모에 이국적인 느낌이 강한데, 나는 주변의 다문화 가족을 많이 만나려고 노력하는 편이다. 라일라가 자신만 다르게 생기거나 이상한 게 아니라, 다양한 사람이 많다는 걸 알았으면 한다.

니하트 우리 아이들은 모두 한국에서 태어나고 한국 국적을 가지고 있으니까 당연히 '나는 한국인이다'라고 생각하면서 자랄 것이다. 그런데 이국적인 외모 탓에 다른 사람들에게 '너는

3장 문화별 육아 차이

한국인이 아니라 외국인이잖아'라는 말을 듣고 충격받지 않을까 걱정되기도 한다. 이렇게 생긴 사람도 한국인일 수 있다는 게 많이 알려져야 한다. 어른들이 먼저 받아들여야 아이들을 가르칠 수 있을 것이다.

아빠 육아 실천하기

다문화 가정에서 자란 아이들은 두 가지 문화, 언어, 전통을 경험하게 된다. 그러다 아이가 나중에 학교에 가면, 친구들과의 문화적 차이를 경험하면서 자신의 정체성에 대해 혼란을 느낄 수 있다. 그때 부모는 아이가 자신감을 가지고 두 문화를 긍정적으로 받아들일 수 있도록 지원해야 한다. 주변에서 인종 차별이나 문화적 차이를 이유로 아이를 비하하는 상황이 생길 수 있기 때문에, 아이가 그런 상황에서 당황하지 않고 자부심을 가질 수 있도록 돕는 것이 중요하다. 네가 어떤 문화적 배경을 갖고 있든 그것은 자랑스러운 일이라고 말해 준다면, 아이는 자신감을 가질 수 있다.

또한 아이가 정체성에 대해 고민할 때, 부모는 단순히 '두 문화가 다르다'는 사실만을 강조하는 것이 아니라, 두 문화의 차이를 인정하고 그것이 각각 가치 있는 부분이라는 점을 설명해 주어야 한다. 예를 들어, "한국 음식은 우리 가족한테 아주 소중해. 그리고 미국 음식 문화도 나름 멋진 점이 많지. 우리는 두 문화를 다 알고 있고, 둘 다 우리한테 중요한 거야. 그래서 자랑스럽게 여겨도 돼."라는 식의 대화가 필요하다.

아이는 자라면서 자신만의 고유한 정체성을 형성해 나갈 것이다. 비록 그 과정은 시간이 걸릴 수 있지만, 부모가 꾸준하고 일관되게 지지해 준다면 아이에게는 큰 힘이 될 것이다.

아빠	니퍼트(미국)
아이	라온(6살), 라찬(5살)

아이들에게 꼭 가르쳐 주고 싶은 한국 문화는 어떤 게 있을까?

한국 부모들에게는 익숙한 한국의 일상과 문화도 외국인 아빠들의 눈으로 보면 새롭고 흥미로운 부분이 많다. 모국과 한국의 문화를 비교하면 전혀 다른 관점이 존재해 놀라게 되기도 하고, 또 아이들에게 꼭 알려 주고 싶은 문화도 있다. 이미 한국에 살고 있는 아이들이지만 아빠의 시선을 통해 바라보면 또 다른 새로운 가치를 발견할 수 있을 것이다. 외국인 아빠의 시선에서 아이들에게 꼭 가르쳐 주고 싶은 한국 문화는 어떤 것이 있을까?

∽∽∽∽∽

요즘은 케이팝이나 드라마 등 한국의 콘텐츠가 세계적으로 인기를 끌면서, 한국의 전통 게임이나 문화에 대한 관심도 높아지고 있다. 넷플릭스 시리즈를 통해 어린 시절에 했던 '달고나 게임'이나 '무궁화 꽃이 피었습니다' 같은 전통 놀이가 알려지며 이를 전 세계의 외국인들이 함께 즐겼다. 한국에 살고 있는 외국인 아빠들에게도 자신의 어린 시절과 또 다른 한국의 전통 놀이를 새삼 접해 보는 기회가 됐다.

전통이나 고유의 문화는 그 나라 사람들에게는 익숙하지만 외국인의 시각으로 보면 가장 신선하고 특별하다. 미국 아빠 니퍼트는 한국에 와서 사람들이 경복궁이나 창덕궁 등의 옛 궁궐에 한복을 입고 가는 모습을 보고 놀라면서도 보기 좋았던 기억이 있다.

최근에는 아이들에게도 한국 전통 문화를 알려 주고 싶어서 한국의 시골을 경험해 볼 수 있는 '촌캉스'를 가기로 했다. 예전부터 가마솥과 아궁이가 있는 한국 시골집을 체험해 보고 싶었는데, 이번 기회에 두 아들과 함께 고즈넉한 한국 전통 시골집에 가 보기로 한 것이다. 도시에서만 자란 아이들에게도 신기한 경험이지만, 미국 시골 출신인 니퍼트도 한국의 시골을 직접 체험하는 것은 낯설고 새로운 도전이다.

니퍼트는 미국에서 농장에 살았던 경험을 살려 도끼로 장작을 패고 아궁이에 익숙하게 불을 피워 식사 준비를 한다. 아이들과 직접 닭장에 들어가서 달걀을 가져오고, 텃밭에서 채소를 뜯어 음식을 만들며 한국의 전통 시골집 생활을 경험하니 익숙한 듯했던 한국의 또 다른 면모를 보게 된다.

이번 촌캉스에서 제일 기대했던 코스는 아빠의 취미이기도 한 낚시다. 광활하게 펼쳐진 강가에 도착해 낚싯대에 지렁이를 끼우는 것부터 보여 주자 온찬 형제는 신기해하며 관심을 갖는다. 아쉽게도 이날 물고기는 결국 잡지 못했지만, 아이들에게도 아빠의 취미를 함께한 시간 자체가 특별한 기억으로 남지 않았을까? 시골에서의 짧은 촌캉스를 하면서 익숙하지 않은 온돌 바닥에서 자느라 허리는 아팠지만, 기억에 남는 장면들을 마음속 가득 적립한 것만은 분명하다.

한국의 시골은 전통적으로 사계절 변화에 따라 자연과 어우러져 농사를 짓고, 제철 음식을 먹으며 이웃과 공동체를 이루면서 살아왔다. 현대화되며 사회의 모습과 정서도 빠르게 변화하고 있지만 우리의 전통 문화는 여전히 우리가 잊지 말아야 할 가치를 간직하고 있다. 도시에 사는 아이들에게는 오래전 조상들의 삶을 간접적으로 체험하는 특별한 기회가 되었을 것이다. 아빠의 문화뿐 아니라, 한국에 살아서 당연하게만 여길 수 있는 한국 고유의 문화도 소중히 기억하고 지켜가길 바라는 마음이다.

물 건너온 팁

피터 한국 사람들은 공공장소나 카페에서 노트북, 핸드폰, 가방 같은 소지품을 테이블 위에 그대로 올려 두고 화장실에 간다. 영국에서는 그렇게 두면 사실 훔쳐 가라고 놓은 것이나 다름없다. 택배도 집 앞에 그냥 두는 걸 보고, 다른 사람이 훔쳐 가면 어쩌려고 그러나 싶어 너무 놀랐다. 영국에서는 택배를 받을 때 집에 사람이 없으면 도로 가져가서 직접 찾으러 가야 한다. 한국 사람들은 절대 남의 물건에 손을 안 대서, 택배 서비스를 너무 편하게 받을 수 있다.

투물 한국에는 많은 가족이나 이웃이 다 같이 모여서 김장하는 문화가 있다는 게 신기했다. 김장해서 주변의 가족, 지인들에게 김치를 나눠 주는 것도 너무 좋다.

니하트 우리 딸, 나린이는 노래 부르는 걸 정말 좋아하는데, 한국에서는 온 가족이 노래방에 가서 각자 부르고 싶은 노래를 부르며 즐거운 시간을 보낼 수 있다. 호텔이나 심지어 회사에도 노래방이 있어서 놀랐다. 또 한국의 용돈 문화가 신기했던 기억이 난다. 외국에는 용돈을 주는 문화가 없다. 한국은 설날에 절하고 세뱃돈 받는 문화가 당연할 뿐만 아니라, 심지어 무슨 날도 아닌데 아이들을 보고 귀엽다고 용돈 주시는 경우가 정말 많다.

알베르토　나는 한국 목욕탕 문화를 좋아한다. 특히 처음에는 발가벗고 누워서 세신을 받는 걸 보고 깜짝 놀랐지만 이제는 박수 소리에 맞춰서 요리조리 움직여 가며 세신을 즐긴다. 마지막에 오일로 마사지까지 하면 완벽하다! 하루 피로가 싹 풀린다. 레오도 목욕탕에 가는 걸 물놀이라고 생각하고 굉장히 좋아한다. 그리고 식당에 있는 호출 벨은 이탈리아에도 가져가고 싶을 정도다. 이탈리아 레스토랑에 가면 웨이터를 불러도 종일 기다려야 하는데 한국에서는 호출 벨만 누르면 직원분들이 알아서 찾아와 주어서 그야말로 감동적이다.

앤디　한국의 찜질방은 단순한 사우나가 아니라 오락 시설에 식당까지 훌륭하게 갖춰져 있다. 나도 라일라가 조금 더 크면 같이 찜질방에 가 보고 싶다. 찜질방에서 몸도 지지고, 귀엽게 양머리를 하고 식혜까지 마시면 얼마나 행복할까?

아빠 육아 실천하기

아이에게 한국 문화를 가르치는 것은 단순히 그들의 정체성을 형성하는 것 이상의 의미를 가진다. 전통 놀이, 시골 체험, 궁궐 방문 등 다양한 활동은 한국의 문화와 역사를 자연스럽게 알릴 수 있으며 그 과정에서 서로의 관계도 더욱 돈독해질 것이다. 한국어 배우기도 문화 교육의 중요한 부분이다. 동화책 읽기, 동요 부르기, 한글 놀이 등을 통해 아이는 자연스럽게 언어를 습득할 수 있다. 또한 언어는 단순한 의사소통 도구를 넘어 문화와 사고방식을 담고 있기에, 한국어를 배우는 과정은 아이가 한국 문화의 본질을 더 깊이 이해하는 데 도움이 될 것이다.

계절별 명절과 축제 체험도 빼놓을 수 없는 소중한 경험이다. 설날의 세배 드리기와 윷놀이, 추석의 송편 만들기, 단오의 창포물에 머리 감기 등 세시풍속을 경험하며 아이는 문화적 다양성을 존중하는 태도를 갖출 수 있을 것이다.

그러나 무엇보다 중요한 것은 이 모든 과정이 일방적인 교육이 아닌, 아빠와 아이가 함께 성장하는 여정이라는 데 있다. 이는 아이의 미래에 귀중한 자산이 되어, 다양한 문화 속에서도 자신의 뿌리를 소중히 여기는 균형 잡힌 시민으로 성장하는 데 도움이 될 것이다. 가족의 추억을 소중히 쌓아 보자.

아빠	투물(인도)
아이	다나(3살)

부모님에게 존댓말을 써야 할까, 반말을 써야 할까?

부모와 아이의 대화에서는 그 내용도 중요하지만 말투 역시 관계의 온도를 결정짓는 중요한 요소 중 하나다. 특히 한국말에는 존댓말과 반말이 있어서 상대에 따라 적절한 말투로 관계를 맺고 소통하게 된다. 꼭 존댓말을 해야 하는 대상도 있지만 부모와 자식 관계에서는 가정마다 각기 다르게 반말이나 존댓말 문화가 자리 잡는다. 어릴 때 아이에게 가르친다면 부모에게 어떤 말투를 쓰도록 교육하는 게 좋을까?

$$\approx\approx\approx\approx\approx$$

외국인 아빠들은 대부분 한국에 와서 반말과 존댓말의 차이를 배웠지만, 인도의 수많은 언어 중에는 존댓말이 존재하는 경우도 있다. 인도 아빠인 투물이 사용하는 힌디어에도 존댓말이 있지만, 한국의 존댓말은 상황과 맥락에 따라 좀 더 미묘한 뉘앙스가 전달될 때가 있어서 처음 말을 배울 때는 어려운 부분이 많았다. 초반에는 장인어른에게 "식사합시다!" 하고 존댓말을 했는데 그건 올바른 존댓말이 아니라고 해서 놀랐던 적도 있다.

물론 지금은 한국에서 여행사를 운영하면서 자연스럽게 존댓말을 써야 하는 상황이 많아 능숙한 쓰임새를 익혔다. 그래서 투물은 딸 다나에게도 부모님에게 존댓말을 쓰도록 일찍부터 교육을 시키고 있다. 어른들에게 예의 있는 아이가 되었으면 하는데, 존댓말을 쓰면 기본적으로 예의 바르고 존중하는 어조를 배울 수 있기 때문이다.

한국에서 자라는 동안 다양한 사람과 관계를 맺게 될 텐데, 이때 존댓말에 익숙해지면 올바른 의사소통의 중요한 도구로 활용할 수 있을 것이라고 생각한다. 상대방을 존중하는 태도를 보일 때 그 사람도 자신을 존중하게 된다. 이러한 마음가짐 자체는 한국뿐 아니라 어떤 사회나 문화 속에서든 중요한 태도이기도 하다.

반말과 존댓말은 각기 장점이 있어서 아이의 성향이나 부모가 추구하는 방향성에 따라 자연스럽게 선택하게 된다. 전문가들은 아이가 부모님에게 존댓말이나 반말 중 어느 쪽을 사용하는 것이 좋다는 이분법적인 접근을 하기보다 둘 다 가르치되 상황에 맞게 사용하도록 교육하기를 권장한다.

반말은 부모와 아이의 심리적인 거리를 줄이고 친근감과 안정감을 느끼게 하는 데 효과적이다. 부모를 권위적으로 느끼기보다 자유롭게 감정 표현과 의사소통을 할 수 있는 대상으로 느끼고, 또 동등한 인격체로서 존중받는 느낌을 받을 수 있다는 장점도 있다. 다만 꼭 반말 때문이 아니더라도 반말이 익숙해졌을 때 부모에 대한 권위가 약해지면서 부모를 존중하지 않는 태도가 나타나기도 한다. 또 어린아이의 경우 사회적인 관계 속에서 존댓말이 필요한 상황을 적절하게 구분하지 못할 수도 있다.

반면 집에서 존댓말을 사용할 경우 어른에 대한 존중과 예의를 배우게 되고, 또 아이를 훈육하고 규율을 제시하는 부모의 역할을 설정하는 데에도 도움이 될 수 있다. 가정뿐 아니라 사회적으로 사람들과 관계를 맺을 때도 예의 바르고 원활하게 소통하는 첫걸음이 되기도 한다. 하지만 자칫 부모를 지나치게 권위적으로 느껴 자유롭고 솔직한 대화를 나누는 데는 방해 요소가 될 수도 있다.

그래서 어른이나 처음 만난 사람에게는 존댓말을 쓰는 데에 익숙해져야겠지만, 가정 내에서는 보다 유연하게 접근하는 것이 좋다. 존댓말 자체를 규칙으로 정하는 게 핵심이라기보다 상대를 존중하고 예의를 갖추는 표현 방법을 아는 것이 중요하다. 무엇보다 아이마다 반말과 존댓말에 대해 느끼는 감정과 편안함의 정도가 다를 수 있기 때문에 아이의 성향을 고려해야 한다. 이때 아이가 적절히 반말과 존댓말을 섞어 쓰면서 균형감을 배울 수 있도록 하려면 부모의 언어가 먼저 아이를 존중하면서 솔직한 애정 표현으로 안정감을 주는 것도 중요하다.

반말과 존댓말은 단순한 말투의 문제가 아니라 아이와 부모 간의 관계를 넘어 사회로 나아가는 과정에서 사용하는 하나의 소통 방식이기도 하다. 언어란 그 사람을 표현하고 타인과 관계를 맺는 중요한 방법인 만큼, 아이가 세상과 소통하는 관점과 방식을 성장시키는 관점에서 가정마다 다양한 선택을 할 수 있을 것이다.

물 건너온 팁

피터 엘리와 지오는 둘 다 부모님에게 반말을 하고 있다. 나는 친구 같은 아빠가 되고 싶은데, 존댓말보다는 반말이 더 심리적 거리를 줄여 준다고 느낀다. 반말을 써도 충분히 존중하는 법은 배울 수 있다.

3장 문화별 육아 차이

앤디 한국어를 처음 배울 때는 존댓말이 너무 어려웠다. 라일라와는 영어로 대화하기도 하지만 한국말로 대화할 때는 반말을 쓰는데, "응." 하고 대답하면 "네."라고 해야 한다고 조금씩 존댓말의 개념을 가르쳐 주고 있다.

니하트 한국에서는 어딜 가든 존댓말을 써서 적응하는 데 시간이 걸렸다. 또 문법을 배울 때도 '커피 나오셨습니다'가 틀린 표현이라고 해서 처음에는 많이 헷갈렸다. 아이에게는 상황에 맞는 적절한 말투를 어릴 때부터 익숙해지도록 가르쳐 줘야 할 듯하다.

아빠 육아 실천하기

부모와 자식 간의 대화에서 말투는 단순히 소통의 방식에 그치지 않고, 관계의 깊이와 존중의 정도를 나타내는 중요한 요소이다. 따라서 부모가 자녀에게 반말과 존댓말의 차이를 가르치는 것은 단순한 언어 교육이 아니라, 아이가 사회에서 예의를 배우고 타인과 원활히 소통할 수 있도록 돕는 중요한 과정이기도 하다.

먼저, 존댓말과 반말을 자연스럽게 구분할 수 있도록 생활 속에서 반복적인 예시를 제공하는 것이 중요하다. 예를 들어, 아이가 부모에게 "아빠, 이거 해 줘."라고 말했을 때, 부모가 "아빠한테는 그렇게 말해도 되지만, 친구 부모님께는 '해 주실 수 있나요?'라고 말해야 해."라고 설명하면 아이도 쉽게 이해할 수 있다. "아빠한테는 편하게 말해도 되지만, 할머니께는 존댓말을 써야 해."라고 설명하며 식사 시간에 "할머니, 맛있게 드세요."와 같은 존댓말을 직접 사용해 보게 하는 것도 효과적이다.

또한, 존댓말을 단순한 규칙이 아니라 존중의 표현으로 이해하게 하는 것이 중요하다. 아이가 존댓말을 단순히 어른에게 써야 하는 말이라고만 받아들이면, 특정한 관계에서만 기계적으로 사용하게 될 수 있다. 부모는 존댓말이 단순한 언어 규칙이 아니라 상대방을 배려하는 방식이라는 점을 강조하면서, "이렇게 말하면 상대방이 기분이 더 좋아질 거야."라고 가르쳐 줄 수 있다.

존댓말 사용을 강요하거나, 반말을 사용했다고 지나치게 혼내면 아이는 위축될 수 있다. 그러므로 아이가 실수할 때 자연스럽게 수정할 기회를 주는 것이 좋다.

언어는 단순한 기술이 아니라 관계를 형성하는 도구다. 아이가 존댓말과 반말을 유연하게 사용할 수 있도록 돕는 것은, 결국 상대방을 존중하는 태도를 배우는 과정이다. 존댓말을 가르치는 것은 단순한 말투 교육이 아니라, 사회적 소통 능력을 키우는 중요한 밑거름이 될 것이다.

4장

사회성 기르기

작은 사회에 첫걸음을 내딛을 때

아빠	앤디(남아프리카공화국)
아이	라일라(3살)

어린이집은 언제쯤 보내는 게 가장 좋을까?

어린이집을 언제부터 보내는 게 좋을지는 많은 부모가 거쳐 가는 공통된 고민거리일 것이다. 부모의 상황이나 환경, 가치관, 아이의 발달 정도에 따라서도 달라지는 문제이기 때문에 부모와 아이를 위해 가장 좋은 타이밍을 고민하지 않을 수 없다. 부모와 더 많은 시간을 보내며 애착 관계를 형성하는 것도 중요하고, 한편으로는 또래 친구들과 어울리며 사회성을 기르는 것도 필요하기 때문이다. 혹 아이가 너무 스트레스를 받거나 적응하지 못할까 봐 불안한 마음도 든다. 가정마다 다르고 또 가족끼리도 생각이 다른 경우가 많다 보니, 남아공 아빠 앤디도 라일라에게 가장 좋은 시기에 대해 갈팡질팡 고민하고 있다.

∽∽∽∽∽

라일라는 아직 어린이집에 다니지 않아서, 엄마와 아빠가 출근하고 나면 장모님이 돌봐 주시기도 하고 가끔은 앤디가 준비하고 있는 오프라인 매장 공간에 함께 갈 때도 있다. 그럴 땐 자연히 라일라와 하루 종일 시간을 함께 보내게 된다. 육포를 배달하러 시장에 가서 같이 국밥을 먹고 오기도 하고, 일이 끝나면 폭포에 놀러 가 자연 속에서 물놀이도 한다. 신발을 벗고 찬물에 들어가 돌도 던져 보고, 물에 담가 두었던 시원한 수박도 쪼개어 먹는다.

이런 앤디의 육아 방식은 한국의 할머니와 가족들이 경험한 문화와는 사뭇 다르다. 이를테면 어린 라일라를 폭포의 찬물 속에서 놀게 하는 건 장모님 입장에선 상상할 수도 없는 일이다. 반면 앤디는 어릴 때부터 수영장도 아닌 저수지 물에서 수영하며 자랐기 때문에 라일라에게도 자연스럽게 똑같은 경험을 접하게 해 주었는데, 장모님이 위험하다고 반대해서 오히려 놀랐다. 다만 온 가족이 라일라를 위하는 마음은 결국 똑같다는 것을 알기 때문에 서로 이해하고 양보하며 적절한 선을 맞춰 각자의 방식대로 육아를 하는 방법을 찾아가고 있다.

최근에는 어린이집을 보내는 시기에 대해서도 고민이 많다. 장모님은 아직 말도 못 하는 아이를 벌써 어린이집에 보내기에는 너무 이르다는 의견이다. 앤디도 처음에는 장모님과 같은 생각이었지만, 최근에는 보내는 쪽으로 마음이 기울었다. 어린이집에 가면 또래 친구들을 사귀면서 말도 배우고, 더 다양한 활동을 하면서 발달에도 도움이 될 것이라는 생각이다.

우리나라에서는 보통 유치원에 입학하기 전에 약 생후 3개월부터 5살 무렵까지 각 가정의 환경이나 아이의 발달 상태에 따라 어린이집을 선택한다. 유럽에서는 장기 육아휴직 제도를 활용하여 아이가 만 3살이 될 때까지는 집에서 양육하는 경우도 많다. 대신 3~5살의 영유아부터는 교육 및 보육 서비스를 점차적으로 확대하는 국가들이 늘어나는 추세다. 3살 때부터 나라에서 의무 교육을 하고 있는 프랑스에서는 3~4살 영유아의 취원율이 99%고, 벨기에는 100%, 영국은 95%, 독일은 90% 등으로 모두 높은 편이다.

사실 부모 입장에서 아이가 어릴 때 최대한 오랫동안 같이 시간을 보내고 싶은 마음이지만, 한편으로는 또래와의 단체 생활에 적응하는 연습이 필요하다고 느끼는 것도 사실이다. 또 아이와 충분히 놀아 주지 못하는 현실적인 상황으로 어린이집을 보내게 될 때도 있다. 처음에는 부모도 아이와 떨어진 경험이 없기 때문에 아이가 잘 생활할 수 있을지 걱정도 되고, 그 탓에 부모가 더 불안해하거나 아이에게 미안한 마음을 느끼기도 한다.

하지만 분명한 건 부모가 죄책감을 가질 필요는 없다는 점이다. 어린이집은 보육의 역할도 있지만, 아이들은 어린이집에서 친구들과 어울리며 사회적 기술을 배우고 부모 외의 사람들을 만나며 정서적으로 더욱 성장할 기회를 얻는다. 아이가 불안해한다면 그 감정을 그대로 인정하고 존중해 주는 동시에 어린이집에 대해 기대감을 주는 긍정적인 메시지를 전달하면서 적응을 도와줄 수 있다.

아이가 어린이집에 갈 준비가 되었는지 아이의 발달 상황이나 분리에 대한 스트레스 등을 고려하여 적절한 시기를 결정하면 된다. 모든 부모는 아이를 위해 가장 좋은 선택을 할 수 있는 능력이 있으니 지나친 우려보다는 자신감을 가져도 좋다.

물 건너온 팁 ✌

투물 아이들 성향마다 어린이집에 다니기 시작하는 시기는 달라지는 것 같다. 나는 어느 정도 의사 표현을 할 수 있을 때 보내야 한다고 생각해서 15개월부터 보냈다. 다나는 처음에는 어린이집에 안 가겠다고 펑펑 울면서 헤어졌는데, 일주일쯤 지나니까 완전히 적응했다. 사실 맞벌이 부부가 많은 시대라 어린이집에 보내지 않으면 현실적으로 육아가 힘든 경우가 많다.

대개 두 살 무렵부터는 어린이집에 보내도 되지 않을까 싶다.

니하트 첫째 나린이는 30개월에 어린이집에 보냈고 둘째 태오는 12개월에 보냈는데 두 아이의 차이가 컸다. 첫째는 우리와 붙어 있는 게 너무 익숙해서인지 적응하는 데 시간이 꽤 오래 걸렸다. 그런데 둘째는 아침마다 현관문 앞에 앉아서 신발장을 열고 자기 신발을 보여 주며 얼른 가자고 한다. 아이의 적응은 성격에 따라서도 다르고, 또 아이마다 적절한 사회생활 시작 시기가 있는 것 같다.

알베르토 이탈리아에서는 36개월 이전의 아이는 어린이집에 다녀야 하는데 어린이집도 국립, 공립, 사립이 나뉘어 있다. 사립은 너무 비싸니까 대부분의 부모님이 국립이나 공립에 보내고 싶어 하는데 들어가기가 까다롭다. 무조건 기다린다고 되는 게 아니라 자녀가 몇 명 있는지, 부부가 모두 일을 하는지, 집안 경제 상황이 어떤지 등을 다 따져 보고 점수를 매겨서 높은 점수의 아이에게 먼저 기회가 주어지는 시스템이다.

한국에서도 보내고 싶다고 보내는 게 아니라 어린이집에 자리가 나야 갈 수 있는 상황이다. 레오는 24개월, 아라는 16개월

때 보냈는데 둘 다 어린이집에 너무 잘 적응했다. 아이의 사회성이 보통 4살부터 생겨난다고 해서 그 이전에 어린이집에 가도 큰 의미가 없다고 생각했는데, 걱정했던 것보다 적응도 잘하고 배우는 것도 많았다. 말도 빨리 배우고, 신발을 신고 벗거나 친구와 장난감을 나눠 가지며 노는 것도 배우니 장점이 많다고 생각한다.

피터 우리 지오는 영국에 살 때 3살부터 런던의 유치원에 다녔다. 유치원 내에서도 학교 못지않게 체계적인 커리큘럼이 있어서 기본적인 언어 영역, 수학, 컴퓨터 과목뿐만 아니라 음악 세션, 스포츠 세션, 요가 등 다양한 수업을 진행하는 곳이었다. 그런데 지오는 한 달 내내 울어서 결국 데리고 나왔다. 적응을 잘 못하나 싶어 걱정했는데 6개월 후에 일반 유치원 보내니 너무 재미있게 다녔다. 특정 나이보다는 아이의 특성을 고려하여 선택하면 될 것 같다.

리징 중국도 다른 나라들처럼 0~3살 아이들이 갈 수 있는 탁아소와 3~6살 아이들이 갈 수 있는 유치원으로 나뉘어 있다. 그런데 탁아소에 다니는 연령층 아이들보다 어린이집의 아이들 수가 더 많다고 한다. 옛날에 중국에서 집마다 아이를 한

명만 낳을 수 있었던 때가 있는데, 그때 가족들이 자녀가 한 명뿐이라 어릴 때 더 오래 함께 있고 싶어서 유치원에 늦게 보냈기 때문이 아닌가 싶다.

아빠 육아 실천하기

어린이집 선택은 부모에게 가장 고민되는 육아의 순간 중 하나다. 문화와 세대에 따라 아이를 어린이집에 보내는 시기와 방식은 천차만별이다. 과거에는 아이를 집에서 키우는 것이 최선으로 여겨졌지만, 최근에는 아이의 사회성 발달과 조기 교육의 중요성이 강조되고 있다.

어린이집은 단순한 보육 시설을 넘어 아이의 성장과 발달에 중요한 역할을 한다. 또래와의 상호작용을 통해 사회성을 배우고, 새로운 환경에 적응하는 능력을 키울 수 있다. 부모 외의 성인들과 소통하며 다양한 경험을 쌓는 과정은 아이의 정서적, 인지적 발달에 긍정적인 영향을 미친다.

중요한 것은 부모의 죄책감을 내려놓는 것이다. 어린이집에 보내는 것이 아이를 포기하거나 방치하는 것이 아니라, 오히려 아이의 성장을 지원하는 또 다른 방식임을 인식해야 한다. 각 가정의 상황과 아이의 개별적 특성을 고려하여 최적의 시기를 결정하는 것이 중요하다.

전문가들은 대개 생후 18개월에서 24개월 사이를 어린이집 입소에 적합한 시기로 권장한다. 어휘력이 폭발적으로 늘고, 사회성이 발달하는 시기이기 때문이다. 하지만 이는 절대적인 기준이 아니며, 가족의 상황, 아이의 발달 정도, 부모의 근무 환경 등을 종합적으로 고려해야 한다. 중요한 것은 아이의 개별적 특성을 존중하고, 아이에게 가장 적합한 방식을 찾아가는 것이다.

아빠	앤디(남아프리카공화국)
아이	라일라(3살)

생애 처음으로
사귀는
또래 친구와
잘 어울릴 수
있을까?

아직 어린이집에 다니지 않는 라일라는 아직까지 가족 외에 또래 친구를 사귀어 본 경험이 없다. 그런데 이번에 인도 아빠 투물과 다나가 남원으로 놀러오기로 해서, 남원역으로 마중을 나와 인도 인사인 '나마스떼'도 미리 연습해 두었다. 아빠 앤디는 라일라가 처음으로 3살 동갑내기 친구를 만나는 자리가 기대되면서 한편으로는 잘 지낼 수 있을지 걱정도 된다. 아이들은 생애 첫 또래 친구를 만나면 어떤 반응을 보일까?

∿∿∿∿∿

아이들은 보통 2~3살 무렵 또래와 어울리며 상호작용을 하기 시작하지만, 이 시기에는 같은 공간에서 같은 장난감을 가지고 놀면서도 함께 무언가를 하는 것이 아니라 각자 별개의 놀이를 하는 경우가 많다. 이를 평행 놀이(Parallel Play)라고 한다. 이 시기에는 옆에 있는 아이의 존재에 흥미를 느끼기보다는 그저 같은 공간에 있다는 데 의미를 두고 독립적인 놀이를 즐긴다. 간단한 상호작용을 하더라도 순서를 만들거나 양보하는 것이 아니라 아직은 장난감을 뺏거나 지키려고 하는 등 자기중심적인 사고가 강하다.

처음으로 만난 3살 동갑내기 다나와 라일라의 만남도 이 나이대 아이들의 성향이 그대로 드러난다. 수줍어 하면서도 반가운 인사를 나누고 라일라의 집에 도착해 집 구경을 하나 싶더니, 각자 좋아하는 장난감을 뺏기지 않으려고 "내 거야!" 하고 그새 다툼이 시작됐다. 아이들이 싸우기 시작하면 부모는 난감할 수밖에 없다. 특히 아이들이 부모와 함께 있을 때와 또래 친구들과 함께 있을 때 보여 주는 모습은 또 다르다. 가끔은 생각지도 못한 고집을 부려 놀라게 되기도 한다.

그러잖아도 최근 투물은 다나가 몇 개월 전부터 장난감을 가지고 놀다가 친구가 가져가려고 하면 던지는 행동을 해서 교육 중이고, 앤디는 요즘 라일라가 "내 거야!"를 가장 많이 외치는 시기에 접어들어 양보하는 법을 가르치고 있다. 아이들이 자신의 물건에 대한 소유권을 주장하는 건 자연스러운 일이지만, 그 갈등을 풀어가는 법을 가르치는 게 부모의 역할일 것이다. 다나와 라일라도 장난감을 두고 다투기는 했지만 잠시 후에는 미안한 듯 슬쩍 다가와서는 서먹하게 같이 앉아 티비를 보기 시작했다. 사과를 하고는 싶은데 아직 방법을 모르는 눈치다.

이 시기의 아이들은 아직 양보나 협력에 대한 개념을 익히지 못했기 때문에 부모가 적절히 환경을 조성하고 사회성을 기를 수 있도록 가르쳐 주는 것이 중요하다. 아이는 부모나 주변 사람들의 행동을 보고 따라하기 때문에 부모가 먼저 배려하는 행동을 보여 주는 것도 좋다. 엄마와 아빠가 서로 빵을 나눠 먹는 모습을 보여 주거나, 상대의 행동에 대해 '고맙다'는 표현을 하는 간단한 행동도 아이에겐 배움이 된다.

장난감을 두고 갈등이 발생했을 때는 아이들끼리 해결할 수 있으면 좋겠지만, 부모가 중재자가 되어 줘도 된다. "이 장난감은 친구가 먼저 가지고 놀던 거니까 조금 기다려줄까?"라고 말하거나, "친구에게 이 장난감 빌려줄 수 있냐고 물어볼까?" 하고 구체적으로 표현하는 방법을 일러주면 아이들이 이해하고 금방 따라 해 보기도 한다.

보통 3살을 넘기고 또래 친구들과 어울리는 시간이 늘어나면 자연스럽게 사회성이 생기면서 양보하고 배려하는 방법도 배우게 된다. 그때부터는 한 공간에서 각자 노는 것이 아니라 소꿉놀이처럼 서로 역할을 맡아 하나의 상황극을 펼치거나 장난감으로 협동하여 놀이를 하기 시작한다. 아이들의 다양한 만남과 갈등 상황에서 부모가 아이의 감정을 잘 들여다보고 긍정적인 방향으로 이끌며 도움을 주면 친구와 어울리는 일에 자연스레 익숙해질 수 있을 것이다. 설령 그 과정에서 어려움이 발생하더라도 아이들은 그 과정에서 배우고, 갈등의 경험역시도 성장의 밑거름으로 삼는다.

물 건너온 팁✍

피터 아이들끼리 놀다가 싸우면 부모로서 참 난감하다. 웬만하면 아이들끼리 해결하면 좋겠지만, 몸싸움이 붙으면 일단 아이들을 분리하고 왜 싸웠는지 양쪽 이야기를 들어 보려고 한다. 특히 아이 자신은 어떤 감정이었는지, 또 친구는 어떤 감정일지 질문을 많이 하는 편이다. 싸울 때는 자기 감정에 치우쳐 있지만 친구가 화가 난 이유도 생각해 보면서 서로 배려하는 방법을 배웠으면 한다.

알베르토 이탈리아에서는 방과 후에 주로 팀 스포츠를 한다. 자기가 좋아하는 종목을 골라서 참여하는데 아무래도 축구가 인기가 많다. 축구를 하면서 모르는 친구들과 한 팀이 되어 친해지기도 하고, 서로 공을 두고 부딪치고 싸우면서 어느새 우정이 돈독해진다. 운동을 하는 것 자체도 의미가 있지만 친구 사귀는 방법을 자연스레 배우는 좋은 방법인 것 같다.

니하트 아제르바이잔에서도 아이들이 3~4살쯤 되면 남자아이는 레슬링을 시키고 여자아이는 춤을 배우게 한다. 그때 몸으로 놀면서 만난 친구들과 성인이 될 때까지 쭉 친구로 지내게 된다.

아빠 육아 실천하기

"내 거야!"라는 외침은 아이의 자아 발달에서 매우 자연스러운 현상이다. 이는 자신의 정체성을 확립해 가는 중요한 과정으로, 부모는 이를 부정적으로만 볼 것이 아니라 긍정적인 사회성 학습의 기회로 바라봐야 한다. 장난감을 던지거나 소유욕을 보이는 행동은 아이가 자신의 영역과 정체성을 탐색하는 방식일 뿐이다.

중요한 것은 갈등을 해결하는 방법을 점진적으로 가르치는 것이다. 즉각적인 제재보다는 대화와 공감, 그리고 협력의 방식을 보여 주는 것이 핵심이다. 때로는 부모가 직접 시범을 보이고, 때로는 아이의 감정을 인정해 주면서 조금씩 양보와 배려의 개념을 익힐 수 있도록 도와야 한다.

실천적으로 부모는 놀이 상황에서 구체적인 대화 방법을 보여 줄 수 있다. 예를 들어 "네가 먼저 놀다가 이제 친구도 저 장난감으로 놀고 싶어 하네. 같이 번갈아 가며 놀면 어떨까?"와 같은 대화로 나눔과 배려의 방식을 자연스럽게 가르칠 수 있다. 이때 부모는 아이의 감정을 먼저 인정하고, 해결 방법을 함께 찾아가는 방식으로 접근하면 아이는 더욱 쉽게 사회성을 배울 수 있다.

아이들의 사회성은 하루아침에 완성되지 않는다. 실수와 갈등, 그리고 그 과정에서 배우는 경험들이 쌓여 결국 건강한 인간관계의 토대가 된다. 부모는 인내심을 가지고 아이의 감정을 존중하면서 점진적으로 사회적 기술을 가르쳐야 한다.

아빠	앤디 (남아프리카공화국)
아이	라일라 (3살)

어린이집에 첫 등원하는 아이의 사회생활을 위한 팁은?

가정의 울타리 안에서 자라던 아이들은 보통 어린이집을 가면서 첫 사회생활을 시작하게 된다. 선생님과 또래 친구들을 만나면서 관계 맺는 방법과 다양한 규칙을 배우고, 또 감정 표현이나 의사소통을 위한 능력도 발달할 수 있다. 하지만 태어난 순간부터 부모와 쭉 붙어 있었던 만큼 아이가 부모 없이 잘 적응할 수 있을지 걱정스러운 부분은 어쩔 수 없다. 언젠가는 겪어야 하는 순간이지만, 아이가 너무 힘들지는 않을까? 부모는 아이가 잘 적응할 수 있도록 어떻게 도와줘야 할까?

∿∿∿∿∿

어린이집 첫 등원을 앞두고 부모가 가장 걱정하는 부분은 아이가 낯선 환경에서 부모와 떨어졌을 때 느낄 수 있는 분리불안과 스트레스일 것이다. 우는 아이를 억지로 등원시켜도 되는지, 또 어린이집 생활에 잘 적응하지 못하거나 친구들 사이에 갈등이 생기지 않을지 부모로서도 불안한 요소가 많을 수밖에 없다. 이때 처음에는 가능하면 아이와 함께 어린이집 환경을 체험해 보는 것이 좋다. 부모와 함께 낯선 환경을 둘러보고 선생님이나 친구들과 인사도 나누면 단계적으로 익숙해지는 데 도움이 된다.

라일라를 언제 어린이집을 보내야 할지 고민하던 앤디도 라일라와 함께 첫 어린이집 견학에 나섰다. 아직 친구들이 등원하지 않은 시간에 미리 어린이집에 들어와 선생님과 먼저 인사를 나누고, 주변 환경도 둘러볼 수 있는 시간부터 가지기로했다. 라일라는 의외로 적극적으로 여기저기 돌아보며 호기심가득하게 장난감도 만져 보더니, 한 명씩 등원하기 시작하는친구들과도 낯가림 없이 인사를 나눴다. 아빠도 찾지 않고 놀아서 내심 걱정했던 아빠는 은근히 서운할 정도다.

하지만 친구들이 다 모이고 나니 지켜보는 아빠가 더 긴장되기 시작한다. 중간중간 계속 아빠를 찾고 확인하는 모습이안쓰럽기도 하면서, 친구들과 싸우거나 어울리지 못할까 봐 걱정도 된다.

아직 어린이집의 규칙을 잘 모르는 라일라는 간식 시간에친구들이 모두 턱받이를 하고 얌전히 앉아 있는데도 자꾸 벌떡 일어나 돌아다니거나 더 놀자며 장난감을 테이블 위에 올리기도 한다. 친구가 가지고 놀던 장난감을 뺏어 오는 걸 보고아빠가 친구에게 돌려주고 양보하는 법을 가르쳐 주지만, 라일

4장 사회성 기르기

라는 평소보다 단호하게 훈육하는 아빠가 낯설었는지 마음처럼 되지 않는 상황에 결국은 울음을 터트리고 말았다.

이 시기의 아이들은 세상 모든 게 다 자기 것이라고 인식하는데, 친구들과 같이 놀면서 자연스럽게 소유의 개념도 인식하고 양보하는 방법도 배우게 된다. 아직은 엄마, 아빠나 친구들과 놀면서 연습이 필요한 단계다. 이날은 첫날 이 정도면 충분히 잘했다는 선생님의 격려와 함께 견학을 마무리하고 중간에 하원하기로 했다. 앞으로 라일라가 본격적인 첫 등원을 긴장보다 설렘으로 기대하기를 바라며 아빠도 아낌없는 칭찬을 해준다.

아이가 어린이집에 적응하는 데에는 부모의 태도도 무척 중요하다. 어린이집 생활을 긍정적으로 받아들일 수 있도록 '여기에서 친구들과 재미있게 놀 수 있어'라고 기대감을 심어 주는 것도 좋고, 무엇보다 부모가 불안해하지 않는 것이 포인트다. 어린이집에 적응할 수 있을지 걱정스러운 마음에 부모가 불안한 태도를 보이면 아이도 덩달아 긴장하기 때문이다. 어린이집 입구에서 아이와 헤어질 때는 긴 작별 인사를 나누기보다 웃는 얼굴로 짧게 인사하고 곧 데리러 올 거라는 확신을 심어 주어야 한다. 아이가 어린이집에서 긴 시간을 보내는 걸 어려워한다면, 실제로 짧은 시간 만에 아이를 데리러 오면 좀 더 안정감을 느끼게 된다. 그렇게 시간을 점차 늘리는 것도 적응을 돕는 방법이다.

아이가 처음에 낯선 환경에 당황하거나 울면서 불안해하는 건 자연스러운 반응이다. 가정에서만 지내던 아이가 작은 사회에 나서는 건 분명히 큰 도전이기 때문이다. 아이의 불안한 감정을 부정하지 말고 공감해 주면서도, 아이가 덜 혼란스러워할 수 있도록 부모가 긍정적이고 일관성 있는 태도를 보여 주어야 한다.

첫 사회생활을 통해 친구들과 관계를 맺고, 규칙과 협력을 배우면서 아이는 이후 더 큰 사회에 나가 어울릴 준비를 하게 된다. 늘 부모의 품에서 자란 아이지만 아이가 스스로 해낼 수 있다는 힘과 가능성을 믿고, 아이가 자신의 속도에 맞게 성장할 수 있도록 칭찬과 응원으로 지지하는 것이 이제부터 부모의 역할일 것이다.

물 건너온 팁

니하트 아이가 부모와 처음 떨어져서 불안해하는 건 당연한 일이다. 아이와 작은 약속이라도 꼭 지키면서 부모와의 신뢰를 쌓는 게 중요한 것 같다. 이를테면 어린이집에 등원할 때 "아빠가 지금 가서 저녁에 올 때는 초콜렛 가져올게." 하고 약속을 하고, 반드시 그 약속을 지키는 것도 아이가 부모를 신뢰하고 안심할 수 있는 방법 중 하나다.

피터 나는 아이들이 첫 등교를 할 때, 부모님과 떨어져 지내는 것에 대해 불안해할 것 같아서 학교 일상에 대한 질문을 많이 했다. 그 시간에 부모님과 다른 공간에 있기는 하지만, 완전히 동떨어진 게 아니라는 느낌을 주고 싶었다. 아이가 학교에서 보낸 시간에 부모님도 관심이 많다는 걸 느끼면 그게 외로운 시간이 아니라고 인식할 수 있을 것 같다.

아빠 육아 실천하기

첫 등원은 아이에게도 부모에게도 큰 도전이다. 익숙하지 않은 환경에서 아이의 불안감은 당연하고, 아빠 입장에서는 더욱 조마조마할 수밖에 없다. 중요한 건 아이의 감정을 존중하고 안전함을 느끼게 해 주는 것이다.

아이가 불안해하는 것은 자연스럽다. 낯선 환경, 새로운 선생님들, 처음 만나는 또래 친구들 사이에서 아이는 혼란스러울 수밖에 없다. 이 때 아빠의 역할은 아이에게 든든한 안전 장소가 되어 주는 것이다. 아이가 계속 아빠를 찾고 확인하는 모습은 오히려 건강한 애착 관계의 신호다.

아이의 사회생활 적응을 돕기 위해서는 사전 준비가 중요하다. 등원 전 며칠 동안 어린이집에 대해 긍정적이고 흥미로운 이야기를 나누며 기대감을 키워 줄 수 있다. 새로운 장난감을 만나거나 친구들과 놀게 될 즐거움을 이야기하며 아이의 기대와 호기심을 북돋워 줄 수 있다.

등원 첫날, 아빠는 차분하고 자신감 있는 모습을 보여 줘야 한다. 아이의 불안감은 부모의 불안에서 전이되기 쉽기 때문이다. 작별 인사는 짧고 확실하게. "엄마, 아빠는 널 사랑해. 재미있게 놀다가 나중에 만나자."와 같은 긍정적인 말로 아이를 응원하자.

집에서도 등원 경험에 대해 긍정적인 대화를 나눌 수 있다. 아이가 그 날 어떤 놀이를 했는지, 누구를 만났는지 진심으로 관심 있게 들어 주는 것이 중요하다. 아이의 작은 이야기에도 큰 관심을 보이며 격려해 주면, 아이는 점점 더 자신감 있게 사회생활에 적응해 갈 것이다.

아빠	투물(인도)
아이	다나(3살)

부모와 함께 문화센터 수업에 참여하는 건 어떨까?

이제 3살이 된 다나는 처음으로 문화센터 수업을 들으러 가기로 했다. 다나는 어린이집 이외에 문화센터는 한 번도 가 본 적이 없었는데, 문화센터에서 다양한 주제의 프로그램을 접하며 새로운 관심사를 찾고 다양한 경험을 할 수 있는 기회가 될 것 같아 참여하기로 한 것이다. 다나 또래의 영유아의 경우는 부모가 함께 참여하는 프로그램도 많아서, 어린이집이나 유치원과 달리 부모와 아이가 함께 유대감을 기르고 특별한 시간을 보낼 수 있는 기회가 되기도 한다. 문화센터 수업에서 아이나 부모가 경험할 수 있는 또 다른 이점은 어떤 것이 있을까?

∽∽∽∽∽

한국에서는 대형 마트나 백화점, 지역 주민센터 등에서 아이들의 연령층에 따른 다양한 프로그램을 진행하고 있는 곳이 많다. 부모님과 함께 교감하며 참여할 수 있는 프로그램도 있고, 또래 친구들과 함께 자연스럽게 어울리며 사회성을 배울 수 있는 프로그램도 많다. 수업의 종류가 굉장히 다양하기 때문에 아이가 무엇을 좋아하는지에 따라 선택하면 더욱 즐겁게 참여할 수 있다.

4장 사회성 기르기

집에서 하기 어려운 활동을 다양하게 경험할 수 있고, 비용도 비교적 저렴해서 부모들에게 인기가 높다. 무엇보다 비슷한 연령대의 아이를 키우고 있는 부모들이 소통할 수 있는 친목의 장이기도 하다. 물론 워낙 경쟁이 치열해서 인기 강좌는 수강 신청 창이 열리자마자 1분 만에 마감될 정도라 신청이 쉽지만은 않다.

다나는 처음으로 문화센터에 가는 게 내심 설레는지 친구들에게 할 인사말을 미리 연습하더니, 도착하자마자 아빠도 기다리지 않고 냉큼 교실로 들어섰다. 막상 친구들 앞에서 자기소개를 할 시간이 되자 수줍어하다가도 수업이 시작되니 대답도 열심히, 체험도 열심이다.

문화센터에서는 미술, 음악, 체육 등 다양한 주제로 수업이 진행되는데, 어린이집이나 유치원에서의 커리큘럼과 또 다른 체험이나 좀 더 심화된 활동을 할 수 있는 기회도 된다. 아이는 새로운 흥미와 관심사를 발견하며 자연스레 탐구하는 방법도 배운다. 또 주로 놀이를 중심으로 수업이 이루어지는 만큼 놀이에 따라 새로운 규칙을 배우고, 혹은 각자의 역할에 따른 협력을 경험한다.

새로운 환경에서 또 다른 또래 친구들을 사귀는 경험은 아이의 사회성에도 도움을 줄 수 있다. 문화센터에서는 동갑내기 친구들뿐 아니라 연령대가 다른 아이들을 만나기도 한다. 다양한 나이나 성격을 가진 아이들을 접하면 서로의 차이를 이해하고, 좀 더 다양한 관계 맺기를 배우는 경험이 된다. 부모가 함께 프로그램에 참여한다면 적극적으로 격려하고 칭찬하면서 긍정적인 피드백을 주는 것이 좋다.

다나가 스틱으로 자동차를 만드는 활동을 하는 동안 아빠도 주변의 다른 아빠들과 수다를 떨면서 서로 육아의 힘든 점도 공유하고 궁금한 점도 물어 보며 정보를 나눴다. 육아를 하다 보면 가족 외에 새로운 사람을 만날 기회가 적은데, 비슷한 나이대의 아이를 키우면서 공감하고 함께 아이의 성장을 지켜보는 동지가 생기는 것도 부모에게 큰 힘이 된다.

어린이집이나 문화센터 등 또래 친구들과 만나 다양한 경험을 하는 건 아이가 배우고 성장할 수 있는 좋은 기회가 될 수 있다. 사회성은 단순히 많은 사람을 만나고 친구를 많이 사귄다고 해서 길러지는 것은 아니다. 함께 다양한 시도를 하며 때로는 관계에서 실수도 하고, 갈등을 겪고 또 해결하는 과정도 경험해야 궁극적으로 삶에서 보다 건강하고 풍요로운 관계를 만들어 나가기 위한 단단한 기반을 만들어 갈 수 있다.

물 건너온 팁

피터　지오와 엘리는 문화센터의 발레 수업을 정말 좋아했다. 과거에는 인터넷으로 수강 신청을 하는 게 아니라 직접 수강 신청 시간보다 일찍 가서 번호표를 뽑고 기다려야 했다. 발레 수업을 듣게 해 주려고 나랑 와이프가 수강 신청하느라 정말 힘들었던 기억이 난다. 그래도 아이들에게는 재미있고 즐거운 경험이 되어 뿌듯하다. 5년 전에는 아빠와 아들이 같이 듣는 축구 교실도 들은 적이 있는데 그걸 지오가 아직도 기억하고 있다.

로드리고　육아를 하는 아빠들의 친목 모임도 은근히 큰 힘이 된다. 나도 단태의 학교 친구들 아빠 모임이 있는데, 아이들끼리 친구이다 보니 더 자주 만나게 된다. 이번 겨울에는 아이와 아빠끼리만 스키장에 다녀왔다. 힘들기도 했지만 정말 재미있는 추억이 됐다.

알베르토　부모 입장에서도 비슷한 또래의 아이를 키우고 있거나, 비슷한 상황에 있는 사람들을 만나며 교류하면 정보도 얻고 정서적으로도 큰 힘이 될 때가 많다. 우리도 '클럽 이탈리아'라고 이탈리아 국제 부부 모임을 갖는다. 시간이 되면 일요일 점심에 모여서 점심을 먹는데, 한국에서 고향 사람들을 만나며 느끼는 공감대가 크다.

아빠 육아 실천하기

문화센터 수업은 아빠들이 육아의 주체로 참여할 수 있는 특별한 기회를 제공한다. 특히 아빠들만의 네트워크를 형성할 수 있는 이 공간은 단순한 취미 활동을 넘어 육아 경험을 나누고 서로를 지지하는 중요한 소통의 장이 된다.

전통적으로 육아 공간에서 소외되었던 아빠들에게 문화센터 수업은 새로운 가능성을 열어 준다. 아이와 함께 만들기, 그림 그리기 등의 활동을 통해 직접적인 육아 경험을 쌓으면서, 비슷한 또래 아이를 둔 다른 아빠들과 진솔한 대화를 나눌 수 있다. 육아의 기쁨과 고민, 때로는 좌절감까지 허심탄회하게 이야기할 수 있는 자리는 현대 아빠들에게 큰 힘이 된다.

아이와 함께하는 시간은 단순히 활동을 배우는 것을 넘어, 아빠의 육아 역량을 높이는 중요한 기회다. 다른 아빠들의 육아 노하우를 배우고, 자신만의 육아 철학을 공유하며, 서로에게 용기와 힘을 얻을 수 있다. 육아로 인한 고립감을 극복하고, 새로운 사회적 관계를 형성할 수 있는 소중한 시간이 된다.

이제 육아는 더 이상 한 사람의 몫이 아니며, 아빠들 또한 육아의 힘듦과 정보를 나눌 곳이 필요하다. 문화센터 수업이 아니더라도 적극적으로 육아에 참여할 수 있는 공간이나 서로를 지지하고 성장할 수 있는 기회를 찾아보자.

아빠	알베르토(이탈리아) / 피터(네덜란드)
아이	레오(7살) / 엘리(8살)

내 아이에게
이성 친구가
생긴다면
어떨까?

이탈리아의 알베르토 아빠와 아들 레오, 영국의 피터 아빠와 아들 지오, 딸 엘리가 처음으로 한자리에서 만났다. 한창 이순신 장군에 관심이 많아 거북선도 타고 싶다는 아이들을 위해 두 아빠가 통영 여행을 기획한 것이다. 레오는 7살, 엘리는 8살 또래지만 처음 마주한 자리에서는 아무래도 낯설고 괜히 부끄러운 마음이 앞서는 모양이다. 평소 수줍음이 별로 없는데도 아빠 뒤에 슬쩍 숨는 레오와 들고 있던 강아지 인형으로 얼굴을 가리는 엘리의 모습이 평소와는 사뭇 다르다. 아이들은 언제부터 이성 친구를 의식하고 어떻게 관계를 형성하게 될까? 아빠들도 괜히 설레고 긴장되는 마음으로 아이들을 지켜본다.

∿∿∿∿∿

아이마다 개인차는 있지만 보통 초등학교 저학년인 7~8살 무렵부터는 학교에서 여러 친구를 사귀며 이성 친구의 존재를 의식하기 시작한다. 아직은 이성이라는 개념에 큰 의미를 두지 않고 또래 집단 전체와 어울리지만, 한두 학년이 올라가면서 점차 특정 이성 친구와 유독 친밀하게 지내는 모습이 나타날 수 있다.

이성 친구를 사귀는 것은 자연스러운 발달 과정으로, 관계와 상호작용에 대한 관점이 넓어지고 서로의 차이를 이해하는 과정이기도 하다. 레오와 엘리의 나이대에는 보통 역할 놀이나 협력을 이용한 놀이 등을 통해서 사회적 관계를 확장하고 서로를 이해하는 법을 배운다. 서로 어딘가 다르다는 사실을 의식하면서 호기심을 느끼면서도 조심스럽게 서로를 탐색하며 상호작용을 하게 된다.

두 아빠는 아이들이 이성 친구를 대할 때 수줍어하거나 쭈뼛거리며 어색해하는 모습이 귀여우면서도 한편으로는 내 아이인데도 새로운 반응이 사뭇 낯설게 느껴진다. 엘리는 원래 낯가림이 심해서 초등학교에 처음 들어가서도 친구를 사귀는 데 시간이 걸리는 성격이고, 레오는 여자 친구들과도 잘 어울리는 편인데도 엘리를 처음 만난 자리에서는 어색한 듯 말수가 줄어들었다.

아이들이 이성 친구를 처음 만날 때 호기심과 어색함을 함께 느끼는 건 자연스러운 반응이다. 이때 억지로 '친하게 지내'라고 강요하거나 부끄러워하는 태도를 놀리는 것은 금물이다. 같이 놀이나 활동을 하며 긴장감을 덜어 낼 수 있도록 편안한 환경에서 기다려 주는 것이 좋다. 아이들도 같이 여행지를 둘러보고 아빠들이 사 준 맛있는 간식도 먹으면서 어느새 한결 편해진 듯 서로에 대해 질문하고 학교 생활에 대한 조언도 주고받기 시작한다.

언젠가 내 아이에게 이성 친구가 생긴다면 어떨까? 부모가 해야 할 첫 번째 단계는 아이가 이성 친구에 대해 관심을 갖는 마음을 있는 그대로 존중하고 공감하는 것이다. 아이가 자신의 감정을 편안하게 표현할 수 있도록 자연스럽게 대화를 나누는 것이 좋다. 이성 친구에 대해 초점을 맞추지 않더라도 "오늘 학교에서는 어땠어?" 같은 일상적인 대화를 통해 아이의 감정을 들어 주고, 어느 정도 적당한 거리에서 지켜보는 것이다.

이때 이성 친구에 대해 부모가 과도하게 의식하며 부정적으로 말하거나 혹은 지나치게 놀리는 반응을 보이지 않도록 주의해야 한다. 물론 아이의 미성숙하거나 서투른 태도에 대하여 조언하거나 건강한 관계를 맺을 수 있도록 관찰하는 것은 좋지만 지나치게 간섭하기보다는 스스로 배우기 위한 기회도 줄 필요가 있다. 이성 친구에 대한 관심과 관계 맺기는 아이에게 중요한 성장 과정이기 때문에, 건강하고 독립적인 관계를 맺는 단계로 나아가기 위해서 부모의 지지와 존중이 무엇보다 중요하다.

물 건너온 팁

니하트　태오가 언제부턴가 집에서 계속 '미내, 미내' 하길래 대체 그게 뭘까 궁금했다. 알고 보니 어린이집에 좋아하는 여자 친구가 생겼는데 바로 그 친구의 이름이었다. 벌써 좋아하는 친구가 생기다니 정말 깜짝 놀랐다.

알베르토　사실 레오는 남자 친구들보다 여자 친구들이랑 노는 걸 좋아해서, 만약 조만간 이성 친구를 사귀더라도 아빠로서 자연스럽게 받아들이게 될 것 같다. 집에 초대해서 같이 게임도 하고 과학 실험도 하면서 놀아 주고 싶다.

아빠 육아 실천하기

아이가 이성 친구를 사귀는 것 또한 자연스러운 성장 단계. 아이가 수줍어하며 조심스럽게 이성 친구를 대하는 모습은 순수하고 귀엽지만, 부모는 벌써 내 아이가 이성 친구를 인식한다는 점에 놀라고 혼란스러울 수 있다. 여기서 부모의 가장 중요한 역할은 과도한 반응을 자제하는 것이다. 아이의 감정을 존중하고 자연스럽게 받아들이는 태도가 핵심이다. 지나친 놀림이나 심문조의 접근은 오히려 아이의 마음을 닫게 만들 수 있다. 대신 가볍고 편안한 대화로 아이의 감정을 이해하려 노력해야 한다.

아이의 감정 세계는 섬세하고 복잡하다. 이성 친구에 대한 감정은 순수한 우정일 수도, 첫 감정일 수도 있다. 부모는 판단하기보다는 경청하고 지지하는 자세로 아이의 감정 변화를 지켜 봐야 한다. 때로는 조용히 지켜보는 것이 가장 큰 지지가 될 수 있다.

실제로 부모가 할 수 있는 구체적인 접근법들이 있다. 아이에게 직접적인 질문을 피하고, 대신 "친구들과 어떻게 지내니?"와 같은 열린 질문으로 대화를 유도할 수 있다. 아이가 편하게 이야기할 때까지 기다리며, 그 순간에 진솔하게 귀 기울이는 것이 중요하다. 만약 아이가 이성 친구에 대해 이야기한다면, 놀리거나 과도하게 반응하지 않고 자연스럽게 대화를 이어 가야 한다.

아이가 이성 친구와의 관계에서 배우는 것들은 소중한 사회적 경험이다. 존중과 배려, 친절함을 배우는 중요한 과정이기에 부모는 긍정적인 관점에서 이 과정을 바라봐야 한다. 아이의 감정을 있는 그대로 인정하고, 건강한 관계의 의미를 함께 고민할 수 있는 든든한 지원자가 되어야 한다.

5장

가족 관계

아이의 정서를 만드는 가족의 온도

아빠	니하트(아제르바이잔)
아이	나린(4살), 태오(19개월)

아내의 산후 우울증은 어떻게 예방하고 도와줄 수 있을까?

태오는 태어난 지 한 달도 안 됐을 때 SNS에 올린 사진을 보고 연락이 와서 그때부터 키즈 모델을 하고 있다. 유아띠, 이불, 카시트, 유모차 등 다양한 제품의 모델 촬영을 했는데 보통은 엄마가 동행해서 태오를 꼼꼼하게 챙겼다. 최근에는 셋째가 태어나면서 아빠 니하트가 첫째와 둘째를 주로 케어하고 있다. 새 가족을 맞이하는 건 더없는 기쁨이지만 한편으로는 출산과 육아를 계속하고 있는 아내에 대한 걱정스러운 마음도 있다. 출산 후 산후 우울증이 오는 경우가 많다는데 이를 예방하려면 남편으로서 어떻게 도움을 줄 수 있을까?

∾∾∾∾∾

아제르바이잔에서 온 니하트는 강남구청의 최연소 외국인 센터장이다. 얼마 전에 셋째가 태어나면서 니하트가 아내를 대신해 키즈 모델 태오의 매니저 역할을 맡게 됐다. 촬영 전에는 태오를 위한 필수 아이템인 간식부터 챙긴다. 피곤해서 칭얼거리는 태오의 컨디션도 살피고, 촬영할 때 필요한 컷에 따라서 태오를 웃겨 주거나 새근새근 재우는 것도 아빠의 몫이다.

능숙한 손길에 태오도 즐겁게 촬영하지만 끝나고 나면 정작 아빠의 기운이 다 빠지는 건 어쩔 수 없다. 여태껏 아내가 주로 해오던 일이라 그간 힘들었을 걸 생각하니 사뭇 미안한 마음도 든다.

아내는 첫째 나린이를 낳고 2년 만에 둘째 태오, 또 1년 만에 셋째를 낳았다. 둘째를 낳은 뒤 경제 활동을 시작하려던 참에 다시 셋째가 찾아온 것이다. 물론 큰 축복이지만 아내는 2019년부터 출산과 육아를 계속하고 있는 셈이다. 원래는 야외 활동도 많이 하고 굉장히 활발한 성격인데 반복적인 출산과 육아로 집에 있는 시간이 길어지다 보니 정신적으로 지치는 것도 사실이다.

아내는 첫째 나린이를 임신했을 때 대학교를 다니는 중이었고 둘째를 낳았을 때쯤 졸업을 했다. 남들과 똑같이 학업을 이어 가면서 육아까지 병행하는 일이 결코 쉽지 않았다. 원래 나린이를 낳고 나서 아제르바이잔에 계신 장모님이 한국에 들어와 도와주시기로 했는데, 나린이가 예정일보다 한 달이나 일찍 태어나 도움을 받기 어렵게 됐다. 다소 이르게 출산하게 되어 아무런 준비도 못 한 상태인 데다 주변에 달리 도와줄 사람도 없었다. 처음으로 부모가 되는 두 사람도 눈앞에 닥친 육아를 몸으로 배워가며 고생을 많이 했다.

그나마 당시에는 니하트가 일을 쉬고 3개월 동안 아내와 함께 아이를 봐서 서로에게 의지할 수 있었는데, 지금은 니하트도 일을 다시 시작했다. 최대한 함께 육아를 하고는 있지만 아내가 혹 고립된 듯한 느낌을 받지는 않을지, 출산 후에 많은 엄마들이 겪는다는 산후 우울증이 찾아오지 않을지 한층 걱정스러운 마음이다.

마침 셋째가 새 식구로 찾아왔으니, 앞으로의 생활이나 아내의 성향에 맞춰 도움이 되는 방법에 대해서도 상담해 보고자 니하트는 철학관을 찾았다. 아제르바이잔에도 타로를 통해 가까운 미래를 점쳐 보는 경우가 있지만, 태어난 날짜와 시간 등으로 그 사람의 타고난 성격과 운세 등을 살펴보는 사주를 접한 것은 한국에서가 처음이다.

사주명리학은 기후와 계절을 반영하는 학문이라 사계절이 있는 곳과 없는 곳의 출생 환경에 맞추어 사주를 본다고 한다. 아제르바이잔에서 온 니하트와 아내의 사주를 살펴보니 올해는 자식 운이 있고 내년에도 좋은 일이 있을 거라고 해서 마음이 한결 편해진다. 다만 아내는 여장부 스타일로, 나라를 넘나들기도 하는 역마살 강한 사주라서 집안에서 육아만 하며 지내면 힘들 수 있다고 한다. 사주가 삶을 결정하는 것은 아니지만 그 사람의 성향이나 기질에 대한 참고가 되는 만큼 아내의 활발한 성격이나 삶의 지향점을 존중해 주는 남편의 노력도 필요한 부분이다.

산후 우울증은 단순히 시간이 지나면 해결되는 것이 아니라 여성이 커다란 삶의 변화를 맞이하면서 겪을 수 있는 심각한 문제다. 아기는 정말 예쁘지만 출산을 거치며 달라진 외모에 우울해지기도 하고, 삶의 변화에 대한 두려움이 무겁게 다가오기도 한다. 가장 중요한 건 이 시기를 부부가 함께 이겨 내야 한다는 것이다.

아내의 불안과 우울감을 있는 그대로 인정해 주고, 남편이 곁에서 함께하면서 혼자가 아니라는 적극적인 메시지와 행동을 전하는 것도 중요하다. 부부야말로 누구보다 가까운 반려자이자 서로를 충전해 줄 수 있는 든든한 육아 파트너이기도 하니 말이다.

물 건너온 팁

투물 신생아 시기에는 아이가 두 시간에 한 번씩 깨서 잠을 푹 잘 수가 없다. 아내는 계속 깨면서 아이를 돌보는데 남편이 쿨쿨 잠만 자면 서운한 마음이 들 수밖에 없지 않을까? 나는 아내와 아기가 깨면 같이 일어나서 옆에 함께 있었다. 아내가 다이어트를 한다고 해서 나도 식단을 같이 했는데, 물론 힘들었지만 아내가 무척 고마워했다. 남편이 함께한다는 믿음을 주고, 힘든 일을 최대한 대신해 주니까 우울증 없이 그 시기를 잘 넘어간 것 같다.

니퍼트 내 아내도 출산 이후에 많이 힘들어했다. 그때 제일 많이 한 얘기는 "괜찮아, 우린 함께야, 같이 이겨 내자."는 것이었다. 부부는 공동체라는 사실을 계속 강조했다.

앤디 내 와이프도 산후 우울증이 심하게 왔다. 그런데 내가 큰 실수를 한 적이 있다. 아내가 너무 우울하고 힘들다고 이야기하는데, 내가 '원래 인생은 다 힘들다'고 말해 버린 것이다. 당연히 지금은 너무 반성하고 있지만……. 그 실수로 인해서 아내의 마음에 공감하는 게 정말 중요하다는 걸 다시 배웠다.

피터 출산을 하면서 살이 찌고 화장을 못해도 여전히 아내는 아름답다. 아낌 없이 칭찬하는 것뿐 아니라 애정 어린 스킨십도 중요하다고 생각한다. 한국 문화 중에서 달라졌으면 하는 것 중의 하나가 아이를 낳고 나면 아내를 '누구누구 엄마'라고 부르는 것이다. 계속 이름으로 불러 주는 게 좋다고 생각한다. 아내를 한 사람으로서 존중하고 칭찬하며 표현하는 마음은 반드시 진심이어야 한다.

아빠 육아 실천하기

아빠의 공감과 지지가 산후 우울증 예방의 핵심이다. 아내의 감정을 깊이 이해하고 일상에서 작은 돌봄의 실천을 통해 그녀의 정신 건강을 보살피는 것이 중요하다. 아내의 정신 건강은 가족 전체의 행복과 직결되기에, 아빠의 섬세하고 적극적인 지지가 무엇보다 중요하다.

외국인 아빠들의 육아 경험에서 배울 수 있는 실천법은 먼저 무조건적인 경청이다. 아내의 감정을 판단하지 않고 온전히 듣고, 그녀의 피로와 스트레스를 인정해 주는 태도가 필요하다. 육아의 부담을 함께 나누는 것도 중요한데, 단순히 아이 돌보기만이 아니라 집안일도 적극적으로 분담해야 한다.

밤중 수유나 기저귀 갈기, 아이 목욕시키기 등을 아내와 번갈아 하면서 그녀에게 충분한 휴식과 개인 시간을 제공해 주어야 한다. 또한 아내의 취미나 과거 관심사를 기억하고 그녀가 그 활동들을 잠시라도 즐길 수 있도록 배려해야 한도.

야외 활동을 좋아했던 아내라면, 아이와 함께 또는 혼자서 산책이나 가벼운 운동을 할 수 있도록 도와주는 것도 좋다. 정기적으로 부부만의 시간을 가지면서 서로의 감정을 나누고, 아내의 감정 변화를 민감하게 관찰하며 전문적인 도움이 필요하다고 판단되면 주저하지 말고 상담이나 치료를 제안해야 한다.

아빠	리징(중국)
아이	하늘(11살), 현우(3개월)

둘째가
태어나면
첫째가
서운해하지
않을까?

첫째 딸 하늘이와 11살 차이가 나는 둘째 아들 현우가 태어났다. 11년 동안 온 가족의 사랑을 독차지했던 하늘이에게 둘째의 탄생은 어떤 느낌일까? 온전히 자신을 중심으로 돌아가던 첫째의 삶은 둘째가 태어난 이후로 완전히 달라지게 된다. 첫째 아이에게 둘째의 등장은 마치 새로 즉위한 왕을 지켜보는 폐위된 왕의 심정과 같다는 말도 있을 정도다. 둘째가 태어났을 때 서운함을 느낄 수 있는 첫째의 마음을 어떻게 헤아려 줘야 할까?

∽∽∽∽∽

중국 아빠 리징은 생후 3개월 된 둘째 아들 현우를 포대기로 업고 하루를 시작한다. 중국에 없는 포대기는 한국에서 첫째 하늘이를 키우며 알게 된 '꿀템'이다. 밤새 모유 수유를 한 아내가 잠들어 있는 아침에는 리징이 두 아이를 챙긴다. 특히 11살인 첫째 하늘이가 아빠의 육아를 든든하게 분담해 주고 있다. 아빠가 중국식 대표 아침 식사인 젠빙꿔즈(전병에 돌돌 싸서 먹는 중국식 아침 식사)를 만드는 동안, 하늘이는 동생에게 책도 읽어 주고 노래도 불러 주며 육아 만렙 스킬을 선보인다.

식사 후에 아기를 목욕시키는 아빠 옆에서 칭얼거리는 아기를 달래려고 노래를 불러 주는 것도 누나인 하늘이의 역할이다. 열심히 달래 주는데도 동생이 울음을 그치지 않으면 못내 서운하기도 하지만 더 잘해 주려고 노력하는 마음 넓은 누나다. 아기 목욕이 끝나면 리징은 더워서 땀을 뚝뚝 흘리면서도 아기가 추울까 봐 에어컨을 끄고 열정적으로 마사지를 해 준다. 따뜻한 달걀을 몸에 문질러 배를 따뜻하게 만드는 중국 전통 민간요법이다. 아빠와 하늘이는 서로 번갈아가면서 아침을 먹고 아기를 목욕시키고 돌보며 이전과 비슷한 듯 달라진 일상을 보내고 있다.

하늘이가 동생을 질투하지 않고 오히려 애정을 듬뿍 주면서 돌봐 주는 터라 아빠도 고마운 마음이 크다. 하지만 동생이 생기고 나서 하늘이에게 가장 크게 달라진 점은 주변의 가족들의 관심이 동생에게 쏠린 것뿐만 아니라 아빠와 둘이서 보내는 시간이 줄었다는 점이다. 하늘이는 동생을 정성으로 돌보는 아빠를 보면서 "나한테도 이렇게 해 줬어?" 궁금해한다.

속 깊은 아이라 서운한 티를 내지는 않지만 아빠와 더 많은 시간을 함께 보내고 싶은 아쉬운 마음이 드는 건 어쩔 수 없을 것이다. 특히 아빠가 자신과 동생의 이름을 헷갈려서 잘못 부르기라도 하면 못내 서운한 마음도 든다. 아빠 리징은 하늘이에게 미안한 마음과 늘 곁에서 도와줘서 고마운 마음을 전하려고 노력하고 있다. 첫째와 단둘이 보내는 시간을 일부러 더 만들어 속얘기를 나누기도 한다. 한 아이와 시간을 보내며 그때는 오로지 너만을 위한 시간이라는 메시지를 전달하는 것도 아이에게는 소중한 순간이다.

아이들에게 형제의 존재는 태어나서 처음 만나는 경쟁자이자 가장 좋은 친구이기도 하다. 질투하고 경쟁하면서, 또 함께 놀고 사랑하면서 함께 훌쩍 성장한다. 부모는 아이들에게 각각 네가 최고라고 속삭이는 거짓말쟁이가 되어야 한다는데, 서로가 부모의 사랑을 더 받고 싶은 아이들에게 누구 하나 아프지 않은 손가락이 없다는 마음을 어떻게 전해 주면 좋을까.

혼자 부모의 사랑을 독차지했던 첫째 아이가 자연스럽게 서운한 마음을 느낄 수 있지만, 누나니까 이해해 달라는 말보다는 부모가 아이에게 꾸준히 사랑을 표현하며 지속적인 애정을 느낄 수 있도록 진심을 전하는 것이 중요하다. 정서적인 안정감을 바탕으로 동생과도 긍정적인 관계를 형성하면 오히려 자존감이 올라가고 행복과 사랑이 더욱 확장되는 경험을 할 수 있을 것이다.

물 건너온 팁

피터 둘째가 태어날 예정이라면 임신 중에 첫째에게 미리 동생이 생긴다는 사실을 잘 설명해 주는 것이 중요하다. 나는 둘째 엘리를 병원에서 데리고 집에 올 때 엘리 손에 사탕을 하나 쥐어 주고, 첫째 지오에게 동생이 주는 선물이라고 말해 주었다. 지오가 그걸 기억하고 지금까지도 이야기한다.

아이와 각각 한 명씩 데이트를 하는 것도 좋다. 특히 혼자서 사랑받고 자라 오던 첫째에게는 부모님과 단독으로 시간을 보내는 게 꼭 필요한 시간이다. 내가 본 칼럼에서는 첫째가 원하면 아기처럼 대해 주는 것도 나쁘지 않다고 한다. "너도 동생처럼 아기였을 때는 이만큼 사랑받았어"라는 사실을 느끼게 해 주는 것이다.

니하트 우리는 결혼한 지 5년이 됐는데 아이가 셋이다. 아제르바이잔에서도 아기가 태어나 집에 처음 데리고 올 때는 무조건 손에 뭔가 쥐어 주며 첫째에게 선물로 전해 주는 문화가 있다. 그래야 첫째가 섭섭해하지 않고 아이를 더 반갑게 맞이해 줄 수 있다고 생각하기 때문이다. 그런데 셋째가 태어났을 때는 첫째에게 그게 안 먹혀서, 동생이 줬다고 하며 자전거를 선물해 줬다. 무엇보다 아이들을 키우면서 "네가 누나니까 돌봐야지", "누나니까 참아야지" 하는 식으로 말하지 않으려고 한다. 아이들 각각이 모두 중요한 존재인데, 그렇게 누굴 위하라고 역할을 강요하면 아이들도 상처받을 수 있다.

피터 우리도 아이가 둘이다 보니, 첫째와 둘째가 차별받는다고 느끼지 않도록 칭찬할 때나 사랑한다는 말을 할 때 두 아이에게 꼭 같이 하려고 한다. 무엇보다 다른 사람들이 엘리의 외모를 칭찬할 때가 있는데 그러면 우리는 그 자리에서 지오의 외모도 꼭 칭찬해 준다.

아빠 육아 실천하기

첫째와 둘째의 나이 차이가 많이 나더라도 첫째가 느낄 수 있는 감정적 혼란은 만만치 않다. 갑자기 어린 동생의 등장으로 부모의 관심과 시간이 분산되는 것을 경험하면서 서운함, 질투, 배제감 등 혼란스러운 감정을 느끼는 것은 나이를 구분하지 않기 때문이다.

이러한 상황에서 첫째 자녀를 위해 어떤 관심을 기울여 주면 좋을까? 우선, 동생 돌보기에 자발적으로 참여할 수 있는 기회를 제공하되 강요하지 않아야 한다. 동생 기저귀 갈기나 우유 먹이기 같은 작은 도움을 부탁하고, 그 과정에서 칭찬과 감사를 아끼지 않는다. 동생 돌보기를 특별한 형 혹은 누나의 역할로 인식하게 해 자존감을 높여 준다.

둘째로, 첫째와의 일대일 데이트 시간을 정기적으로 만든다. 주말이나 저녁 시간을 활용해 첫째와 단둘이 영화를 보거나, 아이의 요즘 관심사를 함께 탐구하고, 대화를 나누는 시간을 갖는다. 이를 통해 부모의 사랑과 관심이 변함없음을 느끼게 해 준다.

마지막으로 첫째의 감정을 존중하고 경청한다. 동생에 대한 복잡한 감정을 솔직하게 표현할 수 있도록 격려하고, 아이의 감정을 판단하지 않고 이해하려 노력한다. 때로는 "동생이 생겨서 네가 서운할 수 있겠다"와 같은 공감의 말을 건네는 것도 중요하다. 첫째만의 특별한 선물이나 이벤트를 준비하는 것도 방법이다. 동생 출산과 관련된 특별한 선물을 주거나, 첫째의 성장을 축하하는 작은 이벤트를 만들어 아이의 존재가 여전히 소중하다는 메시지를 전달한다.

첫째의 나이를 고려할 때, 아이는 이미 어느 정도 이해력과 공감 능력을 갖추고 있으므로 대화를 통해 감정을 나누고 존중받고 있다고 느끼게 하는 것이 중요하다. 부모만의 특별한 시간, 개인적인 관심, 그리고 지속적인 관심은 서운함을 극복하는 데 많은 도움이 될 것이다.

아빠	알베르토(이탈리아)
아이	레오(7살), 아라(3살)

첫째 말 안 듣는 둘째, 자녀 간 싸움은 어떻게 중재해야 할까?

둘째 아라의 별명은 '부장님'이다. 집에서 막내지만 자기주장이 강한 아라의 고집을 꺾을 사람이 없기 때문이다. 아빠, 엄마에게는 물론이고 오빠가 무슨 말을 해도 'NO'를 외칠 때가 많아서 결국 남매 간의 전쟁이 발발하곤 한다. 아이 중 한 명이 서로를 이기려 들면 어떻게 해야 할까? 아이들을 수평적인 관계로 키우고 싶으면서도, 언니나 오빠를 만났을 때 지켜야 하는 예의를 가르쳐줄 필요도 있다는 생각에 둘 사이를 어떻게 중재해야 할지 고민스럽다.

∿∿∿∿∿

　형제자매가 다투기라도 하면 부모로서 누구의 편을 들기도 애매하고, 잘잘못을 따지기 어려운 상황도 있다 보니 참 난감할 때가 많다. 더구나 한국은 외국에는 없는 나이와 서열 문화가 강한 편이라 외국인 아빠는 더더욱 어떤 태도를 취하는 게 좋을지 고민스러워진다. 이탈리아 아빠 알베르토 역시 이탈리아 문화에서처럼 두 아이가 수평적으로 컸으면 좋겠다고 생각하면서도, 한편으로는 첫째와 둘째 각각의 역할을 받아들이는 부분도 필요하다는 생각도 든다. 첫째가 오빠로서 동생을 잘 챙겨 주고, 동생은 또 오빠를 믿고 따르는 모습도 분명히 서열 문화의 아름다운 면모라고 바라보기 때문이다.

다만 '오빠니까 참아야지', '동생이니까 말 잘 들어야지' 같은 식의 훈육은 절대 하지 않으려고 한다. 아이들에게 특정한 역할에 따른 행동을 강요하는 것은 언뜻 우애를 위한 것처럼 보이지만 아이가 자신의 감정을 억압하게 만드는 결과를 낳을 수 있기 때문이다. 부모가 원하는 역할을 기대하는 것보다는 아이의 감정 표현을 있는 그대로 인정하고 존중해 주어야 이후에도 아이가 감정을 자연스럽고 솔직하게 다룰 수 있게 된다.

알베르토도 레오가 첫째라고 해서 불합리한 상황에서 무조건 참거나, 둘째인 아라가 동생이라고 해서 막무가내로 행동하지 않도록 둘 사이를 조율하기 위해 애쓴다. 레오는 블록 쌓기를 무척 좋아하는데, 때로는 오랜 시간 동안 공들여서 완성할 때도 있다. 그런데 혹시나 아라가 신기해서 만지다가 쓰러뜨릴까 봐 걱정을 많이 한다.

만약 그런 상황이 생기면 서로 의도치 않은 일이라 속상하기도 하고 혹시 다툼으로도 이어질 수 있으니까 알베르토는 사전에 그런 일이 없도록 아라에게 잘 설명을 해 준다. "오빠가 만든 작품이고, 오빠에게 무척 소중한 거니까 우리도 같이 소중하게 다뤄줘야 해."라고 말이다. 아라가 다 이해하지는 못해도 그렇게 말해 주고 나면 아주 조심스럽게 만져 보곤 하고, 그런 행동을 보면 레오도 안심하고 아라가 만져 볼 수 있도록 허락해 준다.

물론 남매 간의 다툼이 없을 수는 없다. 다 같이 춘천의 랜드마크인 소양강 스카이워크로 나들이를 간 날, 레오는 오늘의 포토그래퍼가 되어 카메라를 목에 걸었다. 투명한 유리 다리 위를 신기함 반 무서움 반으로 걷다가 점차 익숙해지자 카메라를 들고 아빠와 아라의 모습을 카메라로 찍어 준다. 그런데 오빠가 하는 건 뭐든지 다 따라 하고 싶은 동생 아라는 결국 오빠의 카메라를 뺏어 들었다. 결국 피할 수 없는 싸움이 발발하고 나면 아빠는 식은땀을 흘리며 각자의 마음을 읽어 주고 중재에 나선다.

크고 작은 다툼이 있어도 캠핑장에 도착한 뒤에 레오는 서툴게 자전거를 배우는 아라를 살뜰하게 돌봐 준다. 아빠가 요리를 하는 동안 아라에게 자전거 타는 법을 차근차근 알려 주고, 유아차에 태워서 밀어 주기도 한다. 오빠가 밀어 주는 유

198

아차에서 아라도 신나게 즐기다 보니 해가 저물고 금방 저녁 먹을 시간이 된다.

아이들에게 맛있는 닭갈비를 준비해 준 알베르토 아빠는 동생을 잘 챙겨 준 레오에게 고마우면서도 한편으로는 미안한 마음도 든다. 부모가 두 아이를 계속 밀착하여 지켜볼 수 없는 상황에서 동생이 울음을 터트리면 첫째가 잘못한 것처럼 되어 버릴 때가 있다. 사실 오빠로서 충분히 동생을 잘 돌봐 주는 걸 알기에 그런 레오의 마음도 세심하게 보듬어 줘야겠다고 새삼 부모로서 다짐하게 된다.

오빠라서, 동생이라서 무언가 양보하거나 감정을 억누르지 않아도 차분히 서로의 진심과 의도를 들여다보면 분명히 이해할 수 있는 지점이 생긴다. 지금은 오빠인 레오가 어린 아라의 마음을 더 많이 읽어 주지만, 아라도 조금 더 크면 그런 오빠의 마음을 알아 주지 않을까? 때로는 경쟁하고 미워하지만, 또 금방 화해하고 애틋해지는 게 형제자매 관계가 아닐까 싶다.

물 건너온 팁

니하트 우리는 아이가 셋이니까 남매 사이의 관계에 대해서 신경을 많이 쓸 수밖에 없다. 나린이가 동생들을 어떻게 대해야 할지, 태오는 누나에게 어떻게 행동해야 할지 미리미리 교육하려고 한다.

막내는 아직 어리지만 조금 더 크면 형, 누나와 작은 갈등이 생길 수 있을 것이다. 사소한 일에 고집 부리거나 물건을 욕심낼 수 있어서 지금부터 각자의 물건에 대한 소유권을 인지시켜 서로의 물건에 욕심부리지 않도록 교육하고 있다. 각자 물건의 개념을 알려 주고 설명하면 아이들도 이내 수긍한다.

피터 외국인에게는 나이나 서열 문화가 없다 보니 형제자매를 대하는 한국의 서열 문화가 낯설기도 하다. 엘리는 "나는 왜 오빠라고 해야 돼?", "왜 오빠 말을 들어야 해?" 하며 속상해하기도 한다. 그게 싫으면 부모님이든 오빠든 'you'라고 지칭하는 영어를 쓰라고 말해 주기도 한다.

아빠 육아 실천하기

오빠와 동생 사이의 관계는 단순히 나이 차이나 위계질서로 풀 수 있는 것이 아니라, 서로의 감정과 관점을 이해하는 과정이 필요하다. 레오와 아라의 관계에서 볼 수 있듯이, 형제자매 간의 진정한 소통은 무조건적인 양보나 참음이 아니라 서로의 감정을 진심으로 들여다보는 것에서 시작된다. 이를 위해 부모는 몇 가지 실천적인 중재 방법을 고려할 수 있다.

먼저, 남매가 서로의 감정을 표현할 수 있는 안전한 환경을 만들어 준다. 갈등이 발생했을 때 각자의 감정을 차분히 말할 수 있도록 돕고, 한쪽의 말을 중간에 막지 않고 끝까지 경청하도록 한다. 이 과정에서 부모는 중재자가 아니라 경청의 조력자 역할을 한다.

둘째, 감정 라벨링을 통해 서로의 감정을 인정하고 이해하도록 돕는다. "레오는 지금 화가 났구나.", "아라는 속상했겠다."와 같은 방식으로 각자의 감정에 이름을 붙여 주면, 아이들은 자신의 감정을 더 잘 이해하고 상대방의 감정도 인식할 수 있게 된다.

셋째, 갈등 상황에서 서로의 입장을 바꿔 생각해 보게 한다. "네가 아라 입장이었다면 어떤 기분일까?", "아라가 네 장난감을 가져갔을 때 어떤 마음이 들었을까?"와 같은 질문을 통해 공감 능력을 키워 준다.

마지막으로, 갈등 해결의 과정에서 서로 존중하고 사과하고 용서하는 방법을 가르친다. 강제로 화해를 종용하기보다는 각자가 자발적으로 상대방의 감정을 이해하고 존중하는 태도를 길러 준다.

지금은 레오가 어린 아라의 마음을 더 많이 읽어 주지만, 아라도 성장하면서 점차 오빠의 마음을 이해하게 될 것이다. 중요한 것은 부모가 이 과정을 인내심 있게 지켜보고 섬세하게 도와주는 것이다.

아빠	데니스(캐나다)
아이	브룩(9살), 그레이스(9살)

아이들에게 양보하는 법을 꼭 가르치는 게 중요할까?

캐나다 아빠 데니스는 9살 쌍둥이 자매를 두고 있다. 1분 차이로 태어난 언니 브룩과 동생 그레이스다. 같은 나이라 가장 좋은 친구이면서도 가장 가까운 경쟁자일 수밖에 없는 관계다. 여느 자매처럼 서로 누가 먼저라며 다투기도 하지만, 갈등을 조율하고 화해하는 방법도 그만큼 빠르게 배워 나가고 있다. 데니스 아빠는 아이들의 다툼에 개입하여 서로 양보하라고 가르치지는 않는다. 무조건 양보하는 습관을 갖기보다는 두 아이가 직접 서로 납득할 수 있는 결론에 도달하기를 바라기 때문이다. 하지만 주변에는 아이에게 양보를 중요하게 가르치는 부모들이 많아 고민도 된다. 아이들에게 꼭 먼저 양보하는 법을 가르치는 것이 중요할까?

〰〰〰

브룩과 그레이스 쌍둥이는 걸어 다니기 시작할 때부터 SNS의 사진을 보고 브랜드 화보 제안이 와서 지금은 함께 키즈 모델로 활동하고 있다. 당시 4살이었는데 춥고 힘들 수 있는 촬영장에서도 눈이 반짝반짝 빛나며 너무 즐거워해서 지금까지도 쭉 모델 활동을 이어 오는 중이다.

브룩은 아침에 눈을 뜨자마자 아끼는 인형을 챙겨 들고 그레이스 방에 '똑똑' 노크를 하고 들어간다. 아빠도 못 들어오게 문을 닫고 둘이서 사이좋게 시간을 보내는 모습을 보면 쌍둥이 자매는 누가 뭐래도 가장 친한 친구다. 하지만 외출 준비를 하면서 둘 다 마음에 드는 크롭티를 두고 서로 먼저 입겠다며 쟁탈전이 시작됐다. 아이들이 크면서 자기주장이 강해지고, 각자 방을 쓰며 물건의 소유권도 확실히 하다 보니 서로 원하는 것이 겹치면 때로 격렬한 전쟁이 일어나기도 한다.

아빠 데니스는 이때 둘 중 한 명이 양보하라고 개입하지 않고, 두 아이가 스스로 합의하여 문제를 해결하도록 조용히 지켜본다. 언니나 동생이라는 이유로 한 아이에게 자꾸 양보하라고 하면 아이 스스로 자신이 별로 중요하지 않은 사람이라고 생각하며 자존감이 떨어질까 봐 아이들에게 직접 결정권을 주는 편이다. 대신 한 사람만 타협하려고 하면 문제가 해결될 수 없으니, 아이들에게 일방적으로 결정하지 말고 서로 대화를 통해 둘 다 만족할 수 있게 해결하라고 가르친다. 그렇게 문제를 해결하고 나면 안아주며 칭찬도 해 준다.

결국 크롭티는 그레이스가 먼저 입고, 브룩이 특별한 날 두

번 입기로 약속하며 둘 다 만족할 만한 결론으로 합의를 이뤘
다. 하나밖에 없는 물건을 누가 먼저 쓸 것인지를 두고 하루에
도 수없이 같은 상황이 반복되는데, 때로는 가위바위보로 결론
을 내기도 하고 가끔은 한 명이 양보하며 다음에는 자신이 쓰
기로 약속을 정한 뒤 잊지 않도록 기록해 두기도 한다.

아이들이 갈등 상황에서 어떤 문제를 해결할 때 부모가 개
입하여 한 아이의 편을 들어주면 지금 해결해야 하는 문제를
넘어 '아빠는 언니를 더 좋아하나?' 하는 문제로 확대될 수 있
다. 이때 부모가 개입하지 않으면 아이들은 사건 그 자체에 집
중한다. 싸우는 것보다는 빨리 이 문제를 해결하고 즐거운 시
간을 갖고 싶다는 생각을 각자 본능적으로 하기 때문에, 부모
가 잠시 기다려 주면 아이들도 주체적으로 해결하는 방법을
찾아나간다. 물론 아이들끼리 해결하려다가 몸싸움으로 이어
지는 경우도 있으니 부모가 갈등 해결 상황을 지켜볼 필요도
있다. 그때는 아이를 떼어 놓고 10분에서 15분 정도 마음을
진정시킬 시간을 주는 것이 좋다.

각 가정이나 문화마다 양보에 대한 규칙은 다르다. 다만 보
통의 부모들은 아이들 싸움을 말리거나 중재를 하기 위해 한

사람에게 양보를 강요하는 경우가 많은데 아이들에게 무조건 양보와 희생을 가르치는 것은 옳은 방법이 아니다. 간혹 밖에서는 친구들에게 모두 양보하면서 집에서는 욕심을 내거나 고집을 부리는 경우도 있는데, 이때 아이가 양보를 해야만 사랑받을 수 있다는 오해를 하고 있을 수도 있다. 단순히 양보라는 행동에 초점을 맞출 것이 아니라 부모로서 아이의 자존감을 높여 주기 위한 노력이 병행되어야 한다.

정말 중요한 건 양보를 안 한다고 혼내는 것이 아니라, 양보를 했을 때 칭찬해 주어야 한다는 점이다. "양보는 참 어려운 일인데, 참 잘 했네!" 칭찬해 주면 자연스럽게 양보에 대한 기쁨을 배울 수 있다. 만약 가위바위보에서 지고 할 수 없이 양보하게 된 상황이더라도 부모는 꼭 승부의 균형을 맞추려고 노력하기보다 속상한 아이의 마음을 달래 주면 된다. 아이는 형제 관계에서 설령 지거나 손해를 보더라도 그 과정에서 이기는 기술도 배우고, 또래 사이에서의 사회성도 발달하며 자연스럽게 성장해간다.

형제자매 간에 양보를 배우는 것도 좋지만, 중요한 건 아이들이 서로 동등하게 사랑받고 있다고 느끼게 하는 것이다. 데니스는 브룩과 그레이스 두 아이를 모두 데리고 책을 읽거나 놀아 줄 때가 많지만, 보낼 때가 많지만, 가끔은 한 명씩 따로 시간을 보내기도 한다. 분명 각자 읽고 싶은 책이나 하고 싶은 놀이도 다를 때가 있기 때문이다. 그렇게 단둘이 시간을 보내다 보면 아빠에게 서운하거나 속상한 일을 말해 주기도 해서, 아이의 마음을 각자 공감하며 보듬어 준다.

또 두 아이 모두에게 동일한 규칙을 적용하고 같은 보상을 해 주면서 공평하게 대하려고 노력한다. 아이들이 차별을 느끼지 않고 각자 '나도 많이 사랑받고 있구나' 하고 느낄 수 있도록 말이다. 그럼에도 자매끼리 서로 싸우고 경쟁하는 것은 자연스러운 일이다. 부모로서는 가장 가까운 곳에서 아이들이 스스로 배울 기회를 주며 지켜보는 것도 성장을 돕는 중요한 역할일 것이다.

물 건너온 팁

미노리 일본에서는 양보 교육을 많이 하는 편이다. 상대를 편하게 하는 오모테나시 교육이 바로 양보 교육에 연결되어 있고, 또 그런 문화가 세계적으로 유명하다. 우리도 리온이에게도 양보를 통해 나보다는 상대를 편하게 하는 것이 중요하다고 교육하고 있다.

알베르토 '레이디 퍼스트'나 어르신에게 양보해야 한다는 것은 꼭 가르친다. 하지만 그 외에 레오가 양보하고 싶지 않거나, 이건 확실히 내 것이라는 생각이 들면 양보 대신 대화를 통해 상대방을 설득하라고 말해 준다.

예를 들어, 오빠에게만 무언가 사 주게 될 때 아라에게 꼭 설명을 해 준다. "아라는 아직 어려서 아라는 사용할 수 없는 물건이야, 아라가 안 좋아서 사 주지 않는 게 아니야." 그리고 레오가 아라에게 양보해야 하는 상황이 생기더라도 "아라를 더 사랑해서가 아니라, 아라가 아직 어려서 양보에 익숙하지 않아. 아라도 양보를 배우는 나이가 되면 오빠한테 양보할 거야."라고 설명해 줄 것이다.

피터 나는 지오가 아주 어릴 때, 양보를 안 해도 되는 상황에서 지오에게 양보하라고 한 적이 있다. 그런데 그 이후로 지오가 불필요한 희생까지 하면서 양보하는 일이 너무 많아진 것 같아 '아, 내가 잘못했구나' 하는 생각이 들었다. 그 이후로는 양보해야 하는 상황에서 상대방을 배려하는 것도 중요하지만, 본인도 챙겨야 한다고 많이 강조한다. 또 와이프는 첫째인데 자신도 동생들에게 늘 양보하도록 배워서 스트레스였다는 이야기를 한 적이 있다. 한국에서는 '동생에게 양보해'라는 마인드인데, 너무 희생적인 마인드를 가질 필요는 없다고 생각해서 양보 교육을 지나치게 강조하지 않으려고 한다. 물론 부작용으로 둘이 엄청 싸우기는 한다.

아빠 육아 실천하기

아이들에게 양보하는 법을 가르칠 때는 무엇이 중요할까? 물 건너온 아빠들은 대부분 아이들 간의 갈등을 해결할 때 양보를 강요하기보다는 갈등을 해결하는 방법을 자연스럽게 가르친다. 아이들이 감정을 솔직하게 표현할 수 있도록 장려하고 자신이 원하는 것을 얻기 위해서는 상대방의 입장을 이해하려는 노력이 필요하다는 점을 알게끔 하는 것이다. 때로는 아이들이 자기 의견을 강하게 주장할 수 있도록 돕고, 그 과정에서 자기가 옳다고 생각하는 이유를 설명하게 한다. 이와 함께 아이들은 상대방의 감정을 존중하는 법을 배우게 된다.

이 과정에서 아이들에게 공정성의 개념을 강하는 것이 중요하다. 예를 들어, 부모가 한 명을 특별히 더 사랑하거나, 편애하는 느낌을 주지 않도록 주의하는 것이다. 부모는 아이들이 갈등을 겪을 때 일방적으로 개입하기보다는 상황을 지켜보며, 적절한 때에 중재자로서 대화를 이끌어 가고, 아이들 스스로 문제를 해결하도록 도와준다. 아이들과 직접 대화하며 그들의 생각을 존중하고, 때로는 가벼운 충돌을 통해 아이들이 스스로 양보할 수 있는 기회를 주도록 해 보자.

엄마	올리비아(프랑스)
아이	루이(7살), 루나(6살), 루미(12개월)

조부모의 황혼 육아에 도움을 받는 건 어떨까?

맞벌이 부부의 평일은 그야말로 육아 전쟁이 따로 없다. 바쁜 아침에 아이를 어린이집에 보내고 출근한다고 해도 퇴근 시간이 조금만 늦어지면 마음을 졸이기 일쑤다. 다행히 할머니, 할아버지가 가까이 살면 대신 손주들을 봐주시기도 한다. 한편으로는 부담을 드리는 듯해서 죄송한 마음도 크지만, 그렇다고 도움을 안 받기에는 뾰족한 방법이 없어 고민스러운 부부가 많을 것이다. 일명 '황혼 육아'를 해 주시는 부모님의 마음은 어떨까? 다른 나라도 우리처럼 황혼 육아가 흔한 일일까?

〰〰〰〰〰

프랑스에서 온 올리비아 부부는 평일에 일을 나가면서 할머니, 할아버지에게 아이들을 맡길 때가 많다. 초등학교 1학년인 루이, 유치원에 다니는 루나, 이제 돌 지난 막내 루미까지 삼남매다. 아빠는 막내 루미를 데리고 집을 나서서 수업이 끝난 루이, 루나를 차례대로 픽업해 조부모님 댁으로 향한다. 할머니, 할아버지는 언제든 흔쾌히 아이들을 봐주시지만 사실 셋째까지 태어나고 나니 손이 많이 갈 수밖에 없어서 부모로서는 죄송한 마음도 든다.

막상 아이들은 할머니, 할아버지 댁에 가는 게 마냥 신나기만 한다. 집에서는 못 보는 티비도 볼 수 있고, 할머니와 요가를 하고 할아버지에게 바둑도 배우면서 하루 종일 심심할 틈이 없기 때문이다.

아이들의 할머니는 프랑스인이고 할아버지는 한국인이다. 한국에서는 조부모님이 손주를 봐주실 때 예쁜 마음에 버릇없는 행동을 해도 마냥 받아주시는 경우가 많아 부모와 훈육에 대한 갈등이 생기기도 하는데, 세 남매의 할머니는 오히려 훈육 담당이다. 특히 음식을 먹을 때는 자리에 바르게 앉아서 먹고, '잘 먹었습니다' 인사도 하도록 식사 예절을 확실하게 가르쳐 주셔서, 아이들이 할머니를 통해 예절과 좋은 습관을 많이 배우고 있다. 물론 할머니는 아이의 잘못을 지적하고 나면 다정하게 안아주고 사랑을 표현하는 것도 잊지 않는다.

신나게 놀고 나서는 아이들의 숙제도 잊지 않고 챙겨 주신다. 할머니가 평일에 숙제를 챙겨 주지 않으면 주말에 엄마가 챙겨야 한다는 걸 아니까, 딸의 일을 조금이라도 줄여 주고 싶은 엄마의 마음이기도 하다.

사실 프랑스에는 조부모님이 손주를 돌봐 주는 집은 거의 없다. 출산율이 2023년 기준 1.68명으로 다른 유럽 국가들에 비해서도 높은 수준이고, 그만큼 육아 돌봄 사업이 다양하며 지원 범위도 넓어서 굳이 부모님의 도움을 받을 필요가 없기 때문이다. 다양한 경제적 지원을 비롯하여 공립 보육 시설도 상당 부분 정부가 운영 비용을 지원하고 있다.

반면 한국에서는 조부모님의 도움을 받지 않고 맞벌이를 하는 게 현실적으로 어려운 경우가 많아 황혼 육아가 실제로 꽤 흔한 일이다. 하지만 물론 나이 든 조부모님이 손주들을 돌봐 주는 게 당연한 것은 아니다. 할머니, 할아버지도 손주들과 함께 시간을 보내는 게 행복하고 기쁜 시간이긴 하지만, 동시에 체력적인 어려움이나 부담을 느낄 수 있는 것도 사실이다. 또 은퇴 후 여유로운 삶을 누리고자 했던 노후 계획에 육아를 병행하면서 균형을 맞추는 데 어려움을 느낄 수도 있다.

가능하다면 조부모님에게 육아를 전적으로 맡기는 것이 아니라 부모와 적절한 시간과 역할 분배를 하면서 각자의 개인적인 시간도 확보하는 것이 부담을 줄이는 방법이 될 수 있다. 또 조부모님의 육아 참여를 당연하게 여기지 않고 감사의 마음을 전하며, 서로가 느끼는 어려움이 있다면 솔직한 대화로 이해해 가는 것도 중요하다. 아이를 키우는 기쁨도 있지만 조부모님의 노후 계획도 존중하면서 서로 균형을 맞춰 가려는 노력이 필요한 부분이다.

아이를 키우는 데는 온 마을이 필요하다는 말이 있다. 더구나 바쁜 현대 사회에서 맞벌이 부부가 둘만의 힘으로 아이를 키우는 것은 쉽지 않다. 이때 조부모님의 도움은 큰 힘이 될 뿐만 아니라, 보다 확장된 가족의 관계를 더 깊고 친밀하게 만드는 과정이 되기도 한다. 모두의 노력으로 서로 존중하고 균형을 잘 맞춰간다면 아이도 더욱 큰 사랑 속에서 따뜻하게 성장할 수 있을 것이다.

물 건너온 팁✍

앤디 남아공에서는 보통 부모님이 멀리 살고, 한국처럼 '내리사랑'이라는 정서가 보편적이지 않다. 대부분 내 아이는 내 책임으로 키운다는 인식을 가지고 있어서 조부모님이 손주를 봐주는 일보다 베이비시터를 쓰는 경우가 많다. 하지만 한국에서는 맞벌이를 하면 어쩔 수 없이 도움을 받게 되는 일이 많은 것 같다. 우리 집도 장인어른과 장모님이 없으면 안 된다. 두 분의 도움이 없으면 우리 부부가 각기 일을 나갈 수가 없는데, 라일라가 태어났을 때부터 지금까지 쭉 육아를 도와주셔서 정말 감사한 마음이다.

리징 중국에서는 오히려 조부모가 손주를 봐주는 게 당연한 일이다. 특히 외동이 많다 보니까 조부모님들까지 나서서 한 자녀에게 애정을 다 쏟아서 키워 주신다. 나와 와이프도 25살 무렵의 어릴 때 아이를 낳았는데, 아는 게 없어서 장모님이 거의 매일 함께 돌봐 주셨다. 하지만 둘째를 낳고부터는 정말 급할 때만 도움을 받으려고 한다. 장모님의 개인 시간도 소중하기 때문이다.

미노리 일본은 황혼 육아가 많은 편이다. 일본은 초고령사회라 70살이 넘어도 일하시는 분들이 많다. 그래서 손자에게 시간적, 경제적 지원을 하고 싶어 하는 분들도 많다고 한다. 할머니, 할아버지가 육아 휴직을 내는 경우가 있을 정도다. 또, 조부모-부모-손자녀가 같이 살거나 근처에서 살 수 있게 '3세대 주택건설 사업' 같은 것도 지원한다고 한다.

알베르토　독일에서는 조부모님이 급하게 손주를 돌봐야 할 일이 생기면 조부모님에게 유급휴가가 나온다. 덕분에 직장이 있는 분들도 마음 편히 육아를 할 수 있는 환경이다.

투물　인도에서는 아이가 태어날 때부터 온 가족이 아이를 봐주는 게 당연하기 때문에, 황혼 육아라기보다 공동 육아에 가깝다. 그게 그저 자연스러운 일상이다. 만약 내 아이가 나중에 황혼 육아를 부탁하면 나도 기꺼이 아이를 봐줄 것이다. 아이를 키워 보니 육아가 얼마나 힘든지 알기 때문에, 내 아이가 힘든 걸 조금이나마 덜어 주고 싶을 것 같다.

아빠 육아 실천하기

조부모의 육아 지원은 단순한 돌봄 이상의 의미를 가진다. 가족 간의 소중한 시간과 정서를 나누는 기회가 될 수 있기 때문이다. 아이에게는 다양한 세대와 소통하며 풍부한 경험을 쌓을 기회를, 부모에게는 육아와 직장 생활의 균형을, 조부모에게는 손주와의 친밀한 관계 형성을 제공한다. 할머니와 할아버지는 자녀들에게 일상적인 교훈을 전달하거나, 과거의 이야기를 들려주며 삶의 지혜를 나눌 수 있는 중요한 존재이기도 하다.

하지만 이러한 육아 지원 시스템이 성공적으로 작동하기 위해서는 몇 가지 원칙이 필요하다. 먼저, 육아 방식과 원칙에 대한 부모와 조부모 간의 충분한 소통과 합의가 선행되어야 한다. 각자의 육아 철학과 방식의 차이를 존중하면서도 아이의 건강한 성장을 최우선으로 고려해야 한다.

또한 조부모의 육아 부담을 과도하게 지우지 않도록 주의해야 한다. 건강과 체력, 개인의 삶의 질을 고려하여 적절한 돌봄의 범위를 설정하고, 필요하다면 돌봄의 부담을 분담하거나 추가적인 지원을 고려해볼 수 있다.

아이를 키우는 데 온 마을이 필요하다는 말처럼, 조부모의 육아 지원은 확장된 가족 관계를 더욱 풍요롭고 깊게 만드는 소중한 기회가 될수 있다. 서로를 존중하고, 소통하며, 아이의 행복을 최우선으로 생각한다면 이는 모두에게 의미 있는 경험이 될 것이다.

6장

삶의 방향성

행복한 아이를 만드는 건 부모입니다

아빠	톨벤(네덜란드)
아이	세랑(25개월)

아이들 행복지수 1위인 나라의 육아법은 무엇일까?

네덜란드는 2022년 146개국 대상 세계 행복보고서 전체 행복지수는 5위, 그리고 2021년 OECD 국가 중 아동 행복지수는 세계 1위에 선정된 나라다. 실제로 한국에서 25개월 세랑이를 키우고 있는 톨벤 아빠 역시 어릴 적 네덜란드에서 성장하면서 행복한 기억이 가득하다. 톨벤은 회계를 전공하고 현재는 이커머스 회사의 회계를 담당하고 있다. 한국과 네덜란드의 환경이나 여건이 많이 다르기는 하지만 한국에서도 최대한 네덜란드 육아법을 실천하고 있는 중이다.

〰〰〰

톨벤 가족은 대구의 운치 있는 한옥집에 살고 있다. 아빠가 준비해 준 아침을 맛있게 먹은 세랑이는 마당으로 나가 진돗개 봉순이, 봉택이와 신나게 공놀이를 한다. 여느 집처럼 아빠가 요리하는 동안에 장난감을 가지고 노는 아이의 모습이지만 장난감의 출처는 평범하지 않다. 아빠가 어릴 적 가지고 놀았던 장난감을 그대로 세랑이에게 물려주었기 때문이다.

아빠의 장난감을 아이에게 물려주는 문화가 네덜란드에서도 당연한 일은 아니지만, 네덜란드 사람들은 대개 빈티지를 좋아하는 경향이 있다. 그래서 물건을 깨끗하게 쓰고 나중에 자녀에게 물려주는 것을 의미 있는 일이라고 생각하는 사람들이 많다. 톨벤도 그렇게 자랐고, 세랑이에게도 네덜란드 문화를 알려 주고 싶어서 부모님도 한국에 오실 때마다 톨벤이 어릴 때 쓰던 장난감을 가져다 주신다.

네덜란드의 또 다른 보편적 문화 중 하나는 바로 자전거다. 세랑이는 자전거 앞에 달린 아기용 카시트에 타고 아빠와 함께 신나게 달리며 스피드를 즐긴다. 세랑이는 21개월부터 어린이집 등하원을 자전거로 해서, 전혀 무서워하지 않고 오히려 편안하고 익숙하다. 네덜란드에서는 아이가 어릴 때는 수레 자전거(bakfiets)에 아이를 태워 다니다가 보통 4, 5살쯤 되면 자전거를 가르쳐 주기 시작한다.

네덜란드는 자전거 도로가 굉장히 잘 되어 있고 국토 대부분이 평지이기 때문에 자전거를 타기 좋은 지형이다. 어떨 땐 차보다 자전거로 이동하는 게 빠를 정도다. 네덜란드의 대표 이동 수단이 자전거이기도 하지만, 어릴 때부터 주도적으로 자유롭게 통제할 수 있는 자전거를 타면 아이들의 자존감과 독립심이 높아지는 효과도 있다. 톨벤이 한국에 와서 놀란 것 중의 하나가 바로 스쿨버스이다. 네덜란드에는 스쿨버스가 없다. 중고등학생들은 학교가 끝나면 비가 와도 당연하게 자전거를 타고 집으로 간다.

2021년 통계청 발표에 따르면 한국의 아동 행복지수는 OECD 22개 국가 중에서 꼴찌라고 한다. 12위인 이탈리아, 18위인 영국보다 더 낮은 순위다. 하위권에 있는 영국의 경우는 청소년들의 음주와 흡연율이 높고, 학교 및 생활 만족도가 낮다는 점이 이유로 꼽힌다. 상위권은 아니지만 영국과 한국보다 행복지수가 높은 이탈리아는 한국처럼 사교육이 활발하지 않아 자유롭게 뛰어노는 시간이 많다.

실제로 상위권에 있는 나라의 아이들은 '매일 밖에서 놀거나 시간을 보낸다', '매일 스포츠 또는 운동을 한다'의 응답 비율이 최상위권이라고 한다. 결국 맘껏 뛰어놀고 외부 활동을 할 수 있을 때 행복지수가 높아진다고 볼 수 있을 것이다. 한국의 아이들이 행복하지 않다는 안타까운 결과에 대한 실마리를 엿볼 수 있는 부분이다. 학교와 학원을 반복하기보다 자연 속에서 자유롭게 뛰어놀 수 있는 환경에 대해 어른들이 다시금 진지하게 고민하고 돌아볼 필요가 있지 않을까?

물 건너온 팁

피터 한국은 교육열이 무척 높은 편이라 아이들이 학원에 가서 아빠보다 집에 늦게 오는 경우도 있다. 우리 아이들만 봐도 학교 수업이 끝나면 학원에 가고, 학원이 끝나면 집에 와서 학습지를 풀고 숙제도 하느라 하루가 꽉 차 있다.

부모로서 안쓰러울 때도 많지만, 또 마냥 공부를 안 시키기에는 우리 아이만 뒤처질까 봐 걱정도 된다. 이런 환경에서 아이들이 행복을 느낄 새가 없는 것이 현실이다.

앤디 아이들은 자연과 함께하며 뛰어놀아야 하는데 한국에는 그런 환경이 많지 않다. 흙 밟으며 뛰다가 넘어지기도 하면서 자유를 느꼈으면 좋겠는데, 한국 부모님들은 아이들이 조금이라도 다칠까 봐 다소 지나치게 보호하는 느낌도 있다.

리징 중국도 교육열이 높은 나라다. 나도 기숙사가 있는 학교에 다녔는데 뛰어놀았던 기억보다 공부를 열심히 했던 기억이 대부분이다. 중국 아이들도 공부하는 시간이 길어서 행복지수는 낮지 않을까 싶다.

피터 아이들을 위한 공간을 마련하는 것도 아이들의 행복지수를 높일 수 있는 방법일 것 같다. 한국처럼 영국에도 어린이 전용 미용실이 있다. 애니메이션 캐릭터들로 꾸며 놓고 자동차 시트도 있어서 아이들이 좋아하고 부모들 사이에서도 인기가 많다고 한다. 아이들만을 위한 공간은 아니지만 마트 중에도 아이용 카트를 준비해 두는 곳이 있다. 아이도 직접 카트를 끌고 마트 장보기에 동참하는 것이다.

톨벤 네덜란드에는 어린이 박물관이 많다. 그중에 한국에서도 유명한 토끼 캐릭터 박물관은 인기가 최고다. 그곳에 가면 토끼 캐릭터도 많이 볼 수 있고 다양한 체험도 가능하다. 신호등 건너기, 자동차나 자전거 타기 등을 직접 체험하면서 교통 규칙을 배우기도 한다.

알베르토 어른들이 아이에 대해 좀 더 너그러운 눈으로 바라봐 줄 필요도 있는 것 같다. 아이니까 미숙하고 서툴 수 있다. 한국에는 노키즈존을 곳곳에서 볼 수 있지만 이탈리아에서는 정당한 이유 없이 특정인의 출입을 막는 것이 불법이라 노키즈존도 없다. 이유 없이 어떤 특정한 사람들을 막는 건 이탈리아에서 절대 볼 수 없는 모습이다.

노키즈존을 만드는 것보다는 서로 배려하는 행동이 먼저 필요하지 않을까. 서로 조금만 이해하고 배려하면 없어도 되는 제도일 것이다.

아빠 육아 실천하기

네덜란드에서는 아이의 행복이 곧 충분한 놀이 시간과 직결된다고 믿는다. 아빠는 일과 육아의 균형을 통해 아이와 함께하는 시간을 중요하게 여긴다. 그저 단순히 함께 있는 것이 아니라 아이의 흥미를 공유하고, 상상력을 자극하는 놀이를 함께 만들어 가는 것이다.

물건너 온 아빠의 사례처럼 아빠의 오래된 장난감이나 자전거를 알려주는 문화는 단순한 물건 전달을 넘어 깊은 의미를 지닌다. 세대 간 연결이자 성장의 상징이 되기 때문이다. 그리고 매일 바깥에서 뛰어놀고 운동하는 문화는 아이의 신체적, 정서적 건강에 직접적인 영향을 미친다.

아이와 함께 주말 가족 등산을 가거나 자전거를 타고 조금 멀리 모험을 떠나 보면 어떨까? 캠핑 등 야외 활동을 통해서도 아이들에게 자유로운 활동 경험을 제공할 수 있다. 멀리 가는 일이 어렵다면 아파트 단지 내 놀이터나 근린공원을 적극적으로 활용하고, 방과 후 시간에 야외 활동 시간을 늘리는 것도 좋은 대안이 될 수 있다. 아빠의 역할은 자유로운 탐험을 믿고 격려하는 것이다. 통제와 과보호가 아니라 안

전한 범위 내에서 아이의 자유로운 성장을 지지하는 것이 핵심이다.

거창한 야외 활동이 아니더라도 아빠가 일과 가정에서 균형을 맞추고, 아이와 함께 시간을 보내며 놀이, 학습, 일상적인 대화 속에서 유대감을 형성하는 것은 아이에게 안정감과 자신감을 준다. 예를 들어, 아침에 아이를 깨우고 함께 아침을 먹거나, 주말에 시간을 내어 함께 놀러 가는 등의 간단한 행동도 큰 차이를 만든다. 직장에서 바쁜 하루하루를 보내고 있지만, 가정에서도 아빠로서 중요한 역할을 해야 한다. 아빠가 일정한 시간에 가족과 함께하는 시간을 정해 놓고, 그 시간을 적극적으로 활용하는 것이 필요한 이유다.

아빠	알베르토(이탈리아)
아이	레오(11살)

아이들의 성장 발달 정도는 어떻게 이해해야 할까?

태어날 때는 신기할 만큼 작았던 아이들은 한 해가 다르게 쑥쑥 자라는 모습이 눈에 보일 정도다. 우리 아이가 잘 자라고 있는지 확인하기 위해 보통 영유아 시기부터 성장 발달 검사를 받아 볼 수 있다. 다양한 영역의 발달 정도를 체크하여 아이가 연령대에 맞게 잘 자라고 있는지 확인하는 검사다. 키, 머리둘레, 몸무게 등이 상위 몇 %에 해당하는지까지 나오기 때문에 또래보다 발달이 느리면 괜히 걱정되는 마음도 든다. 아이의 성장 발달 정도는 어떤 관점에서 이해하고 참고하면 좋을까?

～～～～～

아이를 키우다 보면 작년에 입던 옷이 벌써 한 뼘은 작아질 만큼 훌쩍 큰 걸 보며 성장 속도에 놀라게 될 때가 있다. 레오와 아라도 새 학기를 맞이해서 키가 얼마나 자랐는지, 몸무게는 얼마나 늘었는지 집에서 아빠와 간단한 신체검사를 했다. 아이들의 키와 몸무게를 재고 앱에 입력하면 성장 발달 정도를 쉽게 확인할 수 있다. 또래 중에서 상위 몇 %에 속하는지의 수치를 통해 또래보다 키가 큰지 작은지, 체중은 어느 정도인지 등의 결괏값도 나온다. 이탈리아에서도 성장 발달 검사를

의무적으로 하지만 또래 중 몇 %에 드는지는 알려 주지 않는
다는 점이 한국과 차이점이다.

레오는 성장 발달 속도는 상위 5%에 들 정도로 좋은 결과
가 나왔지만, 치아가 흔들리는 걸 발견해서 바로 치과로 향했
다. 대부분의 아이들이 치과에 가는 걸 무서워하지만 레오는
동생 아라까지 챙기며 의젓하게 진료를 받았다. 보통 아이들이
병원에서 울고불고 떼쓰는 행동이 이탈리아에서는 통하지 않
는다. 병원에 왔으면 무서워도 꼭 치료를 받아야 하고, 그래야
아프지 않다고 어릴 때부터 교육이 이루어진다. 그런 교육을
통해 병원이 공포의 대상이 아니라 아픈 곳을 낫게 해 주는 곳
이라는 인식을 만들어 주는 것이다.

이탈리아에서도 한국처럼 유치를 뽑을 때 동화 같은 이야기
를 해 주기도 한다. 뽑은 유치를 방 출입문 뒤나 벽 모서리에
두면 다음 날 개미가 가지고 가면서 대신 돈을 남겨 둔다는 이
야기다. 다음 날 그 자리에 가보면 유치 값으로 1~2유로 정도
가 놓여 있다. 레오도 그 이야기를 믿고 있는데, 유치를 뺄 때
마다 개미가 남겨 둔 천 원씩을 발견하는 게 신나서인지 치과
를 크게 무서워하지 않는 편이다.

성장 발달 검사는 아이의 건강 상태를 간단히 점검하는 의미도 있지만, 보통 아이가 연령대에 맞는 성장이 이루어지고 있는지 확인하기 위해 시행한다. 신체적 발달은 물론이고 언어 발달, 인지 발달, 정서 발달의 정도도 확인할 수 있다. 이를 통해 발달 지연이나 특정 문제를 조기에 발견하면 적절한 치료를 빠르게 받을 수 있고, 혹은 추후 발생할 수 있는 문제를 예방하는 데에도 도움이 된다.

그런데 우리나라에서는 아이들의 성장 속도가 또래보다 느리면 지나치게 걱정하는 경우도 있다. 부모는 아이마다 성장 속도가 각기 다를 뿐 아니라 고정된 것이 아니라 연속적으로 이루어지고 있는 과정이라는 사실을 이해해야 한다. 신체 발달이 빠르지만 언어 발달이 느릴 수도 있고, 언어 발달은 빠르지만 신체 발달이 느릴 수도 있다. 이때 담당 의사가 추가적인 검사나 치료를 권유한다면 적극적으로 대처해야겠지만, 그저 발달 속도가 느린 것 자체는 크게 문제가 되지 않는다. 결과를 참고하여 아이에게 필요한 자극을 주는 노력을 하는 것은 좋지만, 현재의 상태가 아이의 최종적인 발달 가능성의 척도는 아니기 때문에 크게 걱정할 필요는 없다.

무엇보다 중요한 건 우리 아이를 다른 아이와 비교하지 않는 것이다. 비교하며 조급한 마음을 가지면 부모의 마음이 불안해지고, 이는 아이에게도 불안감을 전가하는 결과로 이어질 수 있다. 성장에는 개인차가 있다는 당연한 사실을 받아들이고, 있는 그대로 아이가 성장하는 모습을 응원하며 지켜보면 충분하다. 지금 이 순간도 아이가 신체적으로, 또 정서적으로 훌쩍 자라기까지의 소중한 성장 과정일 뿐이다.

물 건너온 팁

올리비아 프랑스에서도 성장 발달 검사를 한다. 모자보건국 (PMI)이라는 곳에서 영유아의 건강지원 서비스를 진행하는데 0~6살까지 대부분 무료 검진인 경우가 많다. 상황에 따라 필요하면 가정방문으로 진료해 주기도 한다. 하지만 이탈리아처럼 의사 선생님의 특별한 소견이 있을 때만 추가적인 검사를 할 뿐, 정상 범위일 때는 공개하지 않는다.

니하트 한국에서는 아이가 성인이 되면 키가 얼마나 클지 검사를 통해 예측하기도 하는데, 아제르바이잔에서는 키에 대해 엄청 민감한 편은 아니다. 그냥 평균만큼만 컸으면 좋겠다는 분위기고, 얼마나 클지 예측해 보는 경우는 거의 없는 것 같다.

앤디　남아공도 비슷하다. 그냥 아이 친구가 오면 내 아이와 키 차이가 얼마나 나는지 쓱 비교해 보는 정도다. 하지만 나는 어릴 때 친구들보다 키가 작아서 부모님이 걱정이 많았다. 병원에 가서 키 크는 약을 처방 받기도 했다. 혹시나 아이가 키가 작아 스트레스를 받을까 봐 걱정되는 부모의 마음도 이해가 된다.

아빠 육아 실천하기

아이들의 성장 발달은 각자 다르고, 그 속도도 다르다는 점을 부모가 이해하는 것이 중요하다. 그러나 종종 자녀의 성장 속도에 대해 지나치게 민감하고 조급해하는 부모도 있다. 아이마다 발달의 속도가 다르다는 사실을 간과하는 것이다. 마치 나무가 각자의 방식으로 자라듯, 아이도 고유한 속도와 패턴으로 성장한다. 신체적, 인지적, 정서적 발달은 각 아이마다 다른 리듬을 가지고 있으며, 이는 유전적 요인, 환경, 개인의 고유한 특성에 의해 영향을 받는다.

아이의 발달은 한 번에 끝나는 것이 아니라, 연속적으로 이루어지는 과정이라는 점도 기억해야 한다. 특정 시점에 다른 아이들과 비교해 성장 속도가 느리다고 해서, 그게 반드시 문제되는 것은 아니다. 발달의 각 단계마다 아이는 저마다 다른 특성을 보이고, 그 특성이 시간이 지나면서 자연스럽게 변할 수 있다. 과도한 비교와 압박은 오히려 아이의 자존감과 건강한 성장을 저해한다.

전문가들이 제시하는 발달 지표는 참고 사항일 뿐, 절대적 기준이 아니다. 만약 정말 걱정된다면 소아과 전문의와 상담하는 것이 현명하지만, 그 전에 부모는 아이가 성장하는 데 지원을 아끼지 말아야 한다. 운동이 늦은 아이에게는 다양한 신체 활동을 제공해 주고, 언어 발달이 늦은 아이에게는 대화를 자주 하는 것이다. 결국, 아이의 성장은 그 속도에 맞게 자연스럽게 이루어지므로 부모가 지지적인 환경을 만들어 주는 것이 아이에게 가장 큰 도움이 된다.

6장 삶의 방향성

아빠	리징(중국)
아이	하늘(11살)

내 아이에게
사춘기가 오면
어떻게
해야 할까?

예전에는 흔히 사춘기 아이들을 '중2병'이라고 했지만 요즘에는 초등학교 4학년부터 이른 사춘기가 온다고 한다. 마침 하늘이가 딱 4학년이라 중국 아빠 리징은 사뭇 걱정이 생겼다. 가뜩이나 하늘이가 학교 마치고 학원을 다니느라 라이딩할 때 말고는 함께 시간을 많이 보내지 못하고 있기 때문이다. 친구 관계에 대해서도 아빠보다는 엄마와 많이 이야기하는 눈치다. 최근에는 아빠가 뽀뽀만 해도 표정이 안 좋아진다. 내년쯤에는 아예 뽀뽀를 받아 주지도 않을 것 같다. 어느 순간 아빠와 대화가 줄어들고 불쑥 사춘기가 찾아오면 어떻게 아이를 대해야 좋을까?

∼∼∼∼∼

아이들에게 사춘기가 오면 아무래도 가족보다는 친구들과 시간을 보내고 싶어 하기 마련이다. 그래서 부모님과 여행을 함께 가는지의 여부로 사춘기를 짐작할 수 있다고도 한다. 리징은 아직 아빠를 잘 따르는 딸 하늘이와 함께 단둘이 제주도 여행을 다녀오기로 했다. 차분한 모습으로 늘 공부하느라 바쁘던 하늘이도 제주도에 도착하니 설레는 기색이 역력하다. 아빠와 드라이브를 하면서 미리 공부해 온 제주도 관련 지식을 종알종알 풀어 놓는다.

하지만 아빠의 야심 찬 계획과 달리 첫 일정부터 꼬이기 시작한다. 카약을 타러 왔는데 날씨 때문에 운행을 중단한 것이다. 게다가 출발 전부터 하늘이가 가장 기대했던 한라산 등반도 비가 와서 갈 수 없게 됐다. 아쉽고 서운한 마음에 눈물까지 그렁그렁해진 하늘이는 그래도 열심히 준비한 아빠가 속상할까 봐 티를 내지 않으려고 노력한다. 그런 딸의 마음을 다 알고 있는 아빠도 하늘이를 꼭 안아 주며 더 멋진 다음 여행을 기약했다. 비록 계획에 변수는 있었지만 신나게 카트도 타고, 저녁에는 숙소에도 바비큐도 했던 시간이 하늘이에게 아빠와의 특별한 추억으로 남았으면 하는 바람이다.

무엇보다 이번 여행은 둘이 온종일 시간을 보내면서 솔직한 속내를 터놓을 수 있는 기회가 됐다. 하늘이가 크면서 아빠와 대화하는 걸 싫어하게 될까 봐 걱정이라는 아빠의 마음도 솔직히 털어놨다. 딸에게 세상에서 제일 멋진 아빠가 되고 싶다는 리징에게 하늘이는 '아빠는 잘하고 있다'며 도리어 안심시켜준다. 아직은 사춘기에 대한 조급한 걱정은 미뤄 두어도 될 것 같다.

요즘 아이들에게 사춘기가 일찍 찾아온다지만 사실 사춘기는 아빠들에게도 예외 없이 찾아왔던 자연스러운 성장기의 변화 중 하나다. 사춘기의 아이들은 부모로부터 심리적인 독립을 추구하면서 시시콜콜 나누던 대화가 줄어들 수 있고, 가족보다 또래 친구들과 어울리는 시간도 늘어나게 된다. 부모 자신의 사춘기를 돌아보면 우리 아이의 사춘기가 어떨지, 또 부모에게 어떤 반응을 원했는지 조금이나마 짐작해 볼 수 있을 것이다.

그런 사춘기 자녀에게는 부모의 기다림도 필요하다. 대화가 줄어드는 것도 자연스러운 현상이기에 이때 억지로 대화를 시도하면 오히려 반발심만 키우게 된다. 아이에게 부모가 가까이에 있으니 언제든지 얘기하거나 도움을 요청해도 된다는 메시지를 전하되, 대화를 강요하기보다는 아이의 감정을 존중하는 태도로 지켜보는 것이 좋다. 일상적인 주제로 시작해 아이의 관심사에 대해 가벼운 대화를 시도하거나, 생일처럼 특별한 날 애정을 느낄 수 있는 선물이나 이벤트를 마련해 주는 것도 아이와 긍정적인 관계를 유지하는 데 도움이 된다.

부모로서 아이에게 서운하거나 아이의 달라진 태도가 걱정스러울 수 있지만, 그동안에도 부모가 사랑으로 든든하게 지지하고 있다는 신뢰를 준다면 단단한 뿌리를 가진 아이는 크게 흔들리지 않는다. 믿고 기다려 주는 동안 아이 스스로 어른이 되어가는 관문을 건강하게 통과할 수 있을 것이다.

물 건너온 팁✍

앤디 나는 사춘기가 매우 늦게 온 케이스다. 또래 아이들이 사춘기를 겪고 있을 때 나는 그 감정이 뭔지 전혀 몰랐는데, 한 20살쯤 되어서는 그야말로 모든 게 다 싫어졌다. 특히 아빠가 하는 말을 듣기 싫어했다. 그때 아빠가 나에게 '그렇게 행동하면 나중에 후회한다'라고 말했고 그 말이 맞았다. 사춘기를 겪는 시기에는 무엇이 옳고 그른지 알 수가 없어서 모든 게 혼란스러운 것 같다.

알베르토 지금 생각해 보면 내가 사춘기였을 때 아빠가 얼마나 힘들었을까 싶다. 무조건 아빠가 하는 말은 반대로만 생각하고, 맨날 싸우는 게 일상이었다. 지금이야 나도 아빠가 되어 좋은 어른이 되려고 노력하고 있지만, 사춘기는 그런 시기인 것 같다.

니하트 나도 사춘기 때는 늘 엄마와 반대되는 이야기만 했다. 한번은 엄마와 싸우고 가출하겠다며 집을 나온 적도 있다. 우리 집이 7층이었는데 막상 엘리베이터를 탔더니 갈 곳이 없어서 4층에서 내려 집에 돌아왔지만……. 어떻게 보면 빨리 독립하고 어른이 되는 것보다, 사춘기를 겪으면서 어른이 되는 과정을 자연스레 천천히 겪는 것도 자연스러운 일이 아닐까 싶다.

투물 인도에서는 대가족이 어울려 살다 보니 나는 사춘기가 언제 왔다 갔는지도 잘 모르겠다. 가족들이 계속 함께 북적이면서 정신없이 지내니 사춘기가 올 새가 없었다.

피터 아이들이 학교에서 무슨 일이 있었는지 다 알고 싶은데, 잘 이야기해 주지 않으면 벌써 서운한 마음이 든다. 특히 엘리는 나한테 비밀이 많다. 물론 내 사춘기를 돌이켜 보면 이해도 되기도 한다.

특히 나는 부모님을 창피해했던 게 가장 후회되는 기억으로 남아 있다. 친구들이 집에 놀러 오면 괜히 멋진 척을 하려고 아빠에게 말대꾸도 하고, 문을 쾅 닫고 들어가기도 했다. 내 아이들이 그러면 얼마나 서운할까 싶다. 다만 사춘기는 일시적이고 결국 지나가기 마련이니까, 우리 아이들도 그럴 것이라는 믿음으로 기다릴 필요도 있는 것 같다.

아빠 육아 실천하기

아이에게 사춘기가 오면, 부모로서 어떻게 대응해야 할지 고민하게 된다. 특히 요즘 아이들은 사춘기가 빨리 찾아오는 경향이 있어 벌써 아이가 많이 자랐다는 사실에 당황하기도 한다.

사춘기는 자연스러운 성장의 과정이라는 점을 부모가 이해하는 것이 중요하다. 우리 자신도 사춘기를 겪었을 때의 기억을 떠올려 보면, 아이의 사춘기에도 어떻게 반응할지 조금이나마 짐작할 수 있다. 그 시기의 변화는 단순히 외적인 변화뿐만 아니라, 감정적, 심리적인 변화도 크기 때문에 부모의 반응이 중요하다.

사춘기 자녀를 이해하기 위해서는 먼저 공감의 눈높이를 맞추는 것이 중요하다. 부모 자신의 사춘기를 돌아보면 자녀의 감정 변화를 더 깊이 이해할 수 있다. 급격한 신체적, 정서적 변화로 혼란스러워하는 아이의 심리를 존중해야 한다.

이 시기에 아이는 독립성을 찾고, 감정적으로 혼란스러울 수 있다. 그때 부모가 무리하게 대화를 시도하거나 간섭을 많이 하면, 아이는 오히려 방어적인 태도를 보이게 된다. 아이가 자신의 감정을 처리하는 시간이 필요하기 때문에, 부모는 그 시간을 존중해 주어야 한다. 대화가 줄어드는 것 역시 자연스러운 현상이므로, 억지로 대화를 시도하기보다는 아이가 다가올 때까지 기다리는 것이 더 효과적이다. 아이를 위해 기다림의 자세를 갖자.

아이에게 무관심하거나 거리를 두는 것은 절대 아니다. 오히려 지속적인 지지를 보여 주는 것이 중요하다. 아이에게 부모는 항상 곁에 있다는 메시지를 주는 것이 필요하다. 대화를 강요하기보다는, 언제든지 이야기할 준비가 되어 있다는 태도로 접근하는 것이 좋다. 예를 들어, 아이가 혼자 있고 싶어 한다면 그 공간을 존중하되, 아이가 필요할 때 언제든지 도움을 줄 준비가 되어 있다는 것을 부드럽게 전달하는 것이다. 특히 아빠의 역할은 든든한 후견인으로서 조용히 지지해 주는 것이다. 아이가 혼란스러워할 때 판단하지 않고 경청하며, 필요하다면 조언을 진심으로 해 줄 수 있는 신뢰의 대상이 되어야 한다.

과도하게 간섭하거나, 의무적으로 대화하려고 하는 것보다는 아이가 자율적으로 자신을 표현할 수 있도록 도와주자. 아이의 감정을 존중하고, 변화의 과정을 인내심 있게 지켜보는 것이 사춘기 자녀를 대하는 가장 중요한 부모의 자세일 것이다.

아빠	리징(중국)
아이	하늘(11살)

아이가 부모의 단점을 닮아 갈 때 어떻게 대처해야 할까?

아이를 키우다 보면 때로 아이의 표정이나 말투, 행동 하나하나에서 부모의 모습을 빼닮은 걸 발견하고 놀랄 때가 있다. 물론 부모는 아이의 거울이라지만 한편으로는 부모의 단점까지 닮는 걸 보며 덜컥 겁이 나거나 마음이 복잡해지기도 한다. 특히 '이것만은 닮지 않았으면 좋겠다'라고 생각하는 부분을 발견했을 때 그 부분이 자녀 자신을 힘들게 할까 봐 걱정스럽기도 하다. 아직 가능성이 무궁무진한 아이가 부모의 단점을 극복하고 더 좋은 방향으로 나아갈 수 있도록 어떻게 도움을 줄 수 있을까?

∿∿∿∿∿

하늘이는 아빠와의 제주도 여행에서 난생처음으로 갯벌에 왔다. 도시에서는 흙이나 진흙을 밟을 일이 거의 없었는데, 발을 내딛자마자 질척한 갯벌의 감각에 절로 인상이 찌푸려진다. 하늘이가 갯벌에 들어가길 주저하지만 아빠는 발이 더러워져도 괜찮다면서 적극적으로 격려해 준다.

익숙한 듯 앞장서기는 했지만 사실 리징도 다시 갯벌에 온 건 무려 30년 만이다. 어릴 때 청도 고향에서 갯벌에 들어간

이후로 처음인 것이다. 낯설긴 하지만 막상 갯벌에 들어오고 나니 두 사람 모두 저녁에 구워 먹을 식량을 잡겠다는 포부로 어느새 조개와 게를 잡는 데 한창이다. 옷이 다 젖어 버렸지만 아빠는 하늘이보다 더 신이 나서 갯벌 체험에 푹 빠졌다.

갯벌 체험 후에는 호텔이 아니라 민박집에서 숙박을 하기로 했다. 처음 오는 민박이 신기해서 둘러보면서도 하늘이는 벌레가 있을까 봐 못내 신경이 쓰인다. 자연에 익숙하지 않은 아이들은 시골에 오면 아무래도 불편함을 느낄 수 있다. 하지만 아빠는 하늘이가 이런 경험을 통해 불편함에도 적응하고 극복했으면 한다. 무엇보다 하늘이 자신을 위해서다.

하늘이가 청결을 중요시하는 성향은 아빠 리징을 꼭 닮았다. 평소 어디에 앉을 때는 꼭 먼지를 털고, 주변을 닦느라 물티슈도 많이 사용하는 편인데 언제부턴가 하늘이가 아빠와 비슷한 행동을 하는 걸 발견했다. 청결한 것은 좋지만 리징은 어릴 때부터 약간의 결벽증이 있어서 오히려 일상에서 스트레스를 많이 받았다. 외출을 하러 나섰다가도 길에 화물차가 지나가면 먼지를 털어 내기 위해 집에 다시 들어가서 씻어야 했다. 그런 스스로의 성향이 힘들었기 때문에 하늘이는 아빠의 불편한 점을 닮지 않았으면 좋겠다는 마음이 크다.

실제로 아이가 부모의 모습을 닮는 데에는 유전적인 영향도 있지만, 후천적인 영향도 크다. 가까이에서 일상을 함께 보내며 부모의 행동을 보고 배우기 때문이다. 아이들은 부모의 행동을 '정상적'이라고 인식한다. 그래서 부모가 결벽증이 있거나 벌레를 극도로 싫어하는 모습을 보이면 아이가 그런 반응을 닮을 가능성이 높다. 청결에 대해 지나치게 예민한 부모의 모습을 보고 자란다면 지저분한 환경에 대한 부정적 감정과 긴장감을 느끼고 비슷한 반응을 모방하게 되는 것이다.

그래서 부모가 특정 상황에 대해 강박을 느낀다면 즉각적으로 부정적인 반응을 보이는 것보다는 의식적으로 좀 더 차분하고 긍정적인 언어로 대처하는 것이 좋다. 이를테면 지저분한 상태를 봤을 때 인상을 찌푸리기보다 "여기 좀 정리하면 더 기분 좋을 것 같지?" 하고 건강한 습관을 형성하도록 유도하는 것이다. 또 익숙지 않은 자연 체험을 할 때도 불안감을 느끼지 않도록 "여기는 시골이라서 벌레가 많지만 자연의 일부니까 괜찮아. 우리에게 해가 되지 않을 거야" 하고 설명해 주는 것도 좋다.

부모의 말과 행동은 아이가 세상을 바라보고 느끼는 관점을 형성하는 데 큰 영향을 미친다. 사람은 누구나 완벽하지 않지만 아이가 자기 자신을 더 많이 사랑할 수 있는 사람으로 자라길 바라는 마음은 모두 같을 것이다. 아이가 부모를 닮아 가는 모습을 보면서 부모 자신도 자신을 돌아보고 성장하는 계기로 삼으면 된다. 이는 오히려 부모가 단점을 극복하고 아이에게 더 나은 모습을 보여 줄 수 있는 기회일 수도 있다.

물 건너온 팁 ✐

피터 우리 딸은 편식이 심한데, 사실 내가 어릴 때 딱 그랬다. 어릴 때 엄마가 '나중에 너처럼 까다로운 아이 낳아서 키워 보라'고 했는데, 결혼 전에는 무슨 의미인지 전혀 몰랐다가 아이 키우다 보니 그 마음을 알겠다. 지금은 나도 편식을 많이 고쳤는데, 엘리도 조금씩 나아졌으면 한다.

앤디 나는 아내에게 눈치가 없다는 말을 많이 듣는다. 눈치가 없으니까 눈치가 없는 줄도 몰라서 더 문제다. 라일라는 아직 어려서 앞으로 어떻게 자랄지 모르겠지만 나의 그런 모습은 닮지 않았으면 한다.

니하트 나린이도 가끔 황소고집을 부려 고민인데, 와이프 말로는 나랑 완전히 똑같다고 한다. 나도 덕분에 자신을 돌아보는 계기가 됐다. 아이에게 좋은 모습을 보여 주려면 부모가 먼저 달라져야 하는 것 같다.

투물 아이가 무언가 잘못된 행동을 하면 부부가 서로 '당신 닮아서 저렇지!' 하고 말하는 경우가 있다. 그런데 결국 닮은 사람끼리 만나는 게 부부다. 서로 탓해 봤자 아무 소용 없으니, 서로 더 나은 사람이 되도록 노력해야 한다.

아빠 육아 실천하기

아이가 부모의 모습을 닮는 것은 자연스러운 일이다. 유전적 요인뿐만 아니라 일상에서 무의식적으로 관찰하고 모방하는 후천적 학습도 있기 때문이다.

아이들이 부모의 단점을 닮아 갈 때, 많은 부모는 걱정하고 고민하게 된다. 그러나 중요한 점은 부모가 완벽할 필요는 없다는 것이다. 부정

6장 삶의 방향성

적인 특성을 발견했을 때 가장 중요한 것은 자기 성찰이다. 아이가 보여 주는 부모의 모습은 마치 거울과 같다. 그 모습을 통해 자신의 부족한 점을 발견하고 개선할 수 있는 기회로 삼아야 한다.

먼저, 자신의 부정적인 행동 패턴을 인정하고 변화하려는 의지를 보여 주자. 부모가 자신의 실수를 인정하고 사과하는 모습을 보이면, 아이도 자신이 실수했을 때 이를 인정하고 고쳐 나가는 법을 배우게 된다. 부모가 변화하는 모습을 보여 주면, 아이는 자기 개선을 위한 노력의 중요성을 자연스럽게 배우게 된다.

인간은 누구나 실수하고 성장한다는 것을 보여 주는 것이 중요하다. 자신의 약점을 인정하고 개선해 나가는 모습을 통해 아이에게 진정한 성장의 의미를 가르칠 수 있다. 아이와 함께 성장하는 과정으로 바라보고, 자신을 돌아보며 더 나은 사람이 되기 위한 노력을 하자. 결국 아이를 키우는 과정은 부모 자신의 성장 여정이기도 하다. 아이의 모습을 통해 끊임없이 자기를 돌아보고 개선해 나가는 태도야말로 가장 좋은 아빠가 되는 비결이다.

아빠	투물(인도)
아이	다나(3살)

내 아이가 결혼 전 동거를 한다면 어떨까?

아이가 성장하면 부모에게서 독립해서 크고 작은 결정을 내리고 자신의 삶을 주체적으로 살아가게 될 것이다. 그 모습을 지켜보는 부모의 마음은 기쁘고 뿌듯하면서도 한편으로는 더 나은 결정을 내리길 바라며 마음을 졸이게 될 때도 있다. 특히 결혼은 아직 어린 자녀에게는 먼 미래지만 인생의 중대한 결정인 만큼 부모로서도 복잡한 마음이 들 수밖에 없다. 요즘에는 한국에서도 결혼을 앞두고 동거하는 일이 많아졌는데, 각 나라의 문화나 세대마다 동거에 대한 인식은 많이 다르다. 만약 내 아이가 언젠가 동거를 하겠다고 하면 어떨까?

∽∽∽∽∽

국제 부부의 만남은 두 사람에게 각기 다른 문화와 세계가 하나로 겹쳐지는 놀랍고 특별한 사건이다. 하지만 가족들 입장에서는 국제 결혼이 낯설다 보니 일단 반대부터 하고 보는 경우도 종종 있다.

인도에서 한국에 와서 여행사를 운영하는 투물도 한국인 아내와 결혼을 결심하고 나서 처음에는 가족의 반대에 부딪쳤다. 하지만 6, 7개월 동안 꾸준히 장모님 댁에 찾아가 실제로 만남을 갖다 보니 어느 순간 부모님의 마음도 열리고, 마침내 모두의 축복과 축하 속에서 한 가족이 되었다.

인도의 결혼식 문화는 한국과 달리 며칠 동안이나 길고 화려하게 치른다. 하객들과 함께 밤새 웃고 떠들며 춤을 추는 열정적인 축제가 이어진다. 결혼식을 워낙 성대하게 진행해서 식을 올리는 데 보통 재산의 10~30%를 쓸 정도다. 투물 부부의 인도 결혼식에도 천여 명의 하객이 참여했는데 이날을 위해 일주일 전부터 휴가를 내고 참석한 하객들도 있었다.

최근에는 인도에 살고 있는 다섯째 동생이 결혼을 앞두고 예비 신부와 한국에 방문했다. 다나를 위한 인도 바비 인형, 인도의 전통 의상 등 선물까지 한가득 챙겨왔다. 예쁜 옷도 입고, 인도에서 지혜와 행운을 상징하는 코끼리 신이 그려진 팔찌까지 착용한 다나는 인도 공주님으로 변신해 한껏 신이 났다. 인도에서는 어린아이도 화려한 액세서리를 많이 하는 편이다. 특별한 의미가 있는 건 아니지만 아기들이 한두 살쯤 되면 당연하게 귀와 코를 뚫고 액세서리를 착용하는 경우가 많다.

예비부부인 동생 아툴의 결혼을 앞두고 나니 투물은 형으로서 감회가 남다르다. 아버지가 일찍 돌아가신 뒤에 셋째인 투물은 아버지 같은 마음으로 책임감 있게 9남매의 동생들을 챙겼다. 한국에서 운영하는 여행사도 넷째 동생과 함께하고, 인도에는 한식당을 차려서 동생이 운영하고 있다. 동생들이 살고 있는 뉴델리의 아파트도 투물이 마련했다. 어릴 때 아툴이 일을 하기 위해 집에서 멀리 떠났을 때는 외로울까 봐 늘 편지를 써서 지지해 준 형이었다. 당시 전화도 없이 동떨어져 있던 아툴에게 형의 편지는 몇 번이고 펼쳐 볼 만큼 큰 힘이 됐다.

그런 동생의 결혼인데 한국에 있는 투물이 참석할 수 있을지 미지수인 상황이라, 이번 기회에 한국에서 전통 혼례식을 올리기로 했다. 투물도 한국에서 전통 혼례식을 했던 게 좋은 기억으로 남아 있어 동생 부부에게도 멋진 결혼식을 만들어 주고 싶었다. 다나가 청사초롱을 들고 신부 가마 앞에서 버진 로드를 걸어가는 화동 역할을 어엿하게 해냈다. 투물도 형으로서 진심을 담아 덕담을 건넸다. 부부의 인연을 맺는 소중한 일인 만큼 두 사람이 서로 이해하고 도우며 사랑하길 바란다는 말에 예비부부의 눈빛도 사뭇 진중해졌다.

인도에서의 결혼식은 내년에 올릴 예정이지만 동생 부부는 오랜 연애 끝에 현재는 동거 중이다. 이미 결혼 계획은 있었는데 코로나19로 무산되어 그때부터 함께 살고 있다. 인도 외에 미국이나 유럽 문화권에서는 결혼 전에 함께 살아 보는 동거 문화가 오히려 일반적이라고 하는데, 인도 문화에서 동거는 절대 흔한 일이 아니다. 원래대로라면 상상도 못 할 일이지만 어렸을 때부터 개방적이었던 부모님이 상황을 고려해 유연하게 허락해 주신 덕분에 가능했다.

한국에서도 동거에 대해 찬반 의견은 꽤 갈리고 있다. 부모로서 자녀가 동거를 선택한다면 어떤 반응을 보여야 할까? 부모에게 고민스러운 문제일 수 있지만, 중요한 건 자녀의 선택에 대해 충분한 대화를 나누고 그 결정을 내리게 된 이유를 이해하려는 노력을 기울여야 한다는 것이다. 동거는 결혼의 준비 과정일 수도 있고, 혹은 연애 과정에서 서로를 더 깊게 이해하려는 노력의 일환일 수도 있다. 자녀의 선택이 삶에 어떤 영향을 미칠 것인지 우선은 열린 마음으로 진지하게 대화를 나눠 보아야 한다. 때로는 부모의 경험과 지혜를 바탕으로 인생 선배로서 조언을 해 줄 수도 있을 것이다.

어떤 결정이든 자녀의 모든 선택이 삶에 어떤 긍정적인 영향으로 작용하길 바라지만, 부모는 결국 성인이 된 자녀의 선택을 믿고 지지해 줄 수밖에 없지 않을까? 자신의 가치관에 따라 자신의 삶을 설계하는 자녀의 독립된 삶을 응원하는 것도 자녀에 대한 존중과 사랑을 보여 주는 일이다. 자녀가 자신감을 가지고 행복하게 자신의 삶을 마음껏 펼쳐 낼 수 있도록 말이다.

물 건너온 팁

알베르토　유럽에서는 대부분 결혼 전 동거를 필수적인 과정이라고 생각한다. 오히려 동거 없이 바로 결혼을 결정하는 게 더 위험하다는 인식이 많다. 동거를 결심하는 순간, 서로가 서로에게 더욱 진지하고 신중한 관계라고 여기게 된다. 겉으로는 자유로워 보일지 몰라도 사실 무척 신중하고 깊은 관계를 약속하는 것이다.

이탈리아는 물론 유럽에서는 동거하면서 결혼은 하지 않고 아이를 낳고 사는 커플도 정말 많다. 내 친구 중에도 열 명 중 한 명 정도가 결혼을 하는 것 같다. 법적으로도 동거 관계를 보호해 준다.

피터　영국에서도 동거는 너무나 흔한 일이다. 영국은 물가가 너무 비싸기 때문에, 집세나 생활비를 절약하기 위해 경제적인 이유로 혼전 동거를 하는 커플도 굉장히 많다. 만약 내 아이가 사랑하는 사람과 동거한다면 나는 100% 찬성이다. 아무리 그 사람을 잘 안다고 생각해도 같이 살아 보지 않으면 모르는 부분도 많다. 자동차도 시승을 해 보고 사는데, 결혼 전에 같이 살아 보지도 않고 결정한다는 건 상상하기 어렵다.

앤디　남아공에서도 20살이 지나면 성인이기 때문에 모든 건 본인의 선택에 따른다. 그만큼 동거 문화도 흔한 일이다. 나도 내 아이가 동거하는 일에 당연히 찬성이다. 모든 선택은 라일라가 하는 것이기 때문에 내가 뭐라고 할 수 없다. 그 선택을 존중해 줘야 한다고 생각한다.

리징　중국은 한국과 비슷하게 보수적인 나라라서 그런지 동거 문화에 대해 반대하는 의견이 많고, 동거하면 쉬쉬하는 분위기였다. 그런데 최근에는 조금씩 인식이 긍정적으로 바뀌고 있는 것 같다.

니하트 지금은 아이들이 어려서 머나먼 미래의 이야기지만, 아이가 결혼을 생각한다면 동거를 권유할 것 같다. 집에서의 모습과 밖에서의 모습이 또 다를 수 있기 때문에 동거를 하면 서로 몰랐던 본모습을 알 수 있고, 또 서로의 관계에 대해서도 더 진지하게 다가갈 수 있다고 생각한다.

아빠 육아 실천하기

현대 사회에서 전통적인 결혼 관념은 계속 변화하고 있다. 동거는 더 이상 사회적 낙인의 대상이 아니라 서로를 더 깊이 이해하고 관계를 탐색하는 하나의 방향으로 인식되고 있다. 훗날 아이가 결혼 전 동거를 한다고 하면 부모 입장에서는 불안할 수 있다. 그러나 결국 자녀는 성인이 되어 자신만의 인생을 살아가게 된다. 자녀가 내린 선택이 부모의 기대나 문화적 가치와 맞지 않더라도, 그 선택이 자녀에게 어떤 긍정적인 영향을 미칠지는 알 수 없다.

가장 중요한 것은 성인이 된 자녀의 선택을 판단하지 않고 존중하는 태도다. 자녀가 그 선택을 통해 더 나은 삶을 만들어 나갈 수도 있다. 아이가 결혼 전 동거를 선택하는 이유가 서로의 성격이나 생활 방식을 맞춰 가고, 서로를 더 잘 이해하기 위한 과정일 수도 있다. 부모는 자녀의 선택을 억지로 반대하는 것보다는, 열린 마음으로 자녀를 이해하고, 그들의 삶을 지지하는 것이 중요하다. 물론 쉽지 않은 일이다.

그러나 자신이 선택한 파트너와의 미래를 위해 서로를 이해하려는 자녀의 노력을 인정해야 한다.

부모도 편견 없이 자녀의 파트너를 있는 그대로 받아들이려는 노력이 필요하다. 문화적 차이를 호기심과 존중의 태도로 이해하려 노력한다. 또한 자녀의 선택에 대해 무조건적인 지지와 응원의 메시지를 전달한다.

육아의 궁극적 목적은 독립적이고 행복한 성인으로 성장할 수 있도록 돕는 것이다. 부모의 역할은 조건 없는 사랑과 신뢰를 바탕으로 자녀의 인생 여정을 존중하는 것이다. 어떤 선택을 하든 그 선택의 과정에서 진정한 사랑과 존중, 그리고 상호 이해가 있다면 그것이 가장 귀중한 결혼의 의미가 될 것이다. 결국 중요한 것은 자녀의 행복이다.

에필로그

많은 사랑을 받았던 예능 프로그램 〈물 건너온 아빠들〉은 한국에서 살아가는 외국인 아빠들의 일상을 담아내며 시청자들에게 신선한 감동을 선사했다. 그러나 방송에서 보여 준 재미있고 감동적인 순간들 너머에는, 매일 밤 아이의 숙제를 도와주고, 아파할 때 밤새 간호하고, 때로는 문화적 차이로 인한 오해와 싸우며 자신의 한계를 넘어서는 아빠들의 진짜 이야기가 있었다. 그들이 보여 준 육아의 모습은 완벽하지 않았지만, 그래서 더욱 진실되고 용기를 주는 것이었다.

한국에서 육아하는 다양한 나라의 아빠들 모습을 통해, 우리는 놀라운 공통점을 발견했다. 문화적 배경과 출신 국가가 다르더라도, 내 아이와 깊은 유대를 형성하고 잘 키우고 싶은 간절한 마음은 모든 부모에게 동일하다는 점이다. 때로는 언어의 장벽, 문화적 충돌, 사회적 편견이라는 추가적인 도전을 마주하기도 했지만, 그들은 이러한 어려움을 자녀에게 더 넓은 세계를 보여 줄 기회로 전환했다.

육아는 원래도 쉽지 않은 일이었고, 핵가족화가 심화된 현대 사회에서는 더욱 고단한 여정이 되었다. 과거 대가족 제도에서는 여러 세대가 함께 아이를 키웠지만, 이제는 대부분 부부가 모든 책임을 짊어져야 한다. 이 책에 등장한 아빠들의 이야기는 그런 현실 속에서도 부부가 함께 아이를 키우는 과정을 통해 서로에 대한 이해가 깊어지고, 더 끈끈한 가족 유대를 형성해 나가는 모습을 보여 주었다.

〈물 건너온 아빠들〉의 이야기는 여기서 끝나지 않는다. 그들의 아이들은 지금도 성장하고 있고, 새로운 도전과 기쁨이 매일 계속되고 있다. 그리고 이 책을 읽는 당신의 육아 여정도 계속된다. 프로그램이 끝나고, 이 책의 마지막 페이지를 넘긴 후에도, 우리는 모두 부모로서 성장해 가는 과정 속에 있다.

결국 육아의 본질은 국적과 문화를 초월한다. 아이와 진심으로 함께하는 시간, 자신과 아이의 정체성을 존중하는 과정, 건강한 가족 관계를 맺는 법, 그리고 부모로서의 끊임없는 성장과 배움까지. 이 모든 것은 세계 어디에서나 보편적으로 중요한 가치다. 무엇보다 아이가 부모의 사랑을 듬뿍 받으며 성장

에필로그 삶의 방향성

하는 것, 그것이 어떤 문화권에서든 가장 중요한 토대가 된다.

어떤 육아가 정답일까? 완벽한 부모가 되는 비법이 있을까? 정해진 정답은 없지만, 아이와 함께 웃고 울며 성장하는 과정 자체가 가장 의미 있는 육아의 모습일 것이다. 실수와 후회도, 기쁨과 자부심도 모두 소중한 경험이며, 그 모든 순간이 아이와 부모를 함께 성장시킨다. 〈물 건너온 아빠들〉이 보여 준 것처럼, 서로 다른 출발점에서 시작했더라도, 아이를 향한 사랑과 헌신은 모든 언어와 문화를 초월하는 보편적인 언어다. 그리고 그 과정에서 아이와 함께 배우고 성장할 수 있다면, 그것만으로도 우리는 충분히 좋은 부모가 아닐까?

이 책을 읽은 당신이, 부모로서의 여정을 조금 더 편안한 마음으로, 때로는 더 큰 용기를 가지고 걸어갈 수 있기를 바란다. 그리고 언젠가, 당신만의 특별한 육아 이야기도 누군가에게 따뜻한 위로와 영감이 되길 기대한다. 국경을 넘어, 문화를 넘어, 모든 부모는 결국 같은 꿈을 꾼다. 우리 아이들이 건강하고 행복하게 자라나는 세상을 위해 우리는 오늘도 함께 노력한다. 이 책이 그 여정에 작은 등불이 되기를 바란다.

넓게 자란 아이가 높이 큰다

초판 1쇄 발행 2025년 5월 14일

지은이 　　　MBC 〈물 건너온 아빠들〉 제작팀
펴낸이 　　　박영미
펴낸곳 　　　포르체

책임편집 　　유나
마케팅 　　　정은주 민재영
디자인 　　　황규성

출판신고 　　2020년 7월 20일 제2020-000103호
전화 　　　　02-6083-0128
팩스 　　　　02-6008-0126
이메일 　　　porchetogo@gmail.com
인스타그램 　porche_book

ⓒMBC 〈물 건너온 아빠들〉 제작팀(저작권자와 맺은 특약에 따라 검인을 생략합니다.)
ISBN 979-11-94634-24-9 (03590)

여러분의 소중한 원고를 보내주세요.
porchetogo@gmail.com